不被父母控制的人生

RECOVERING FROM EMOTIONALLY IMMATURE PARENTS

如何建立边界感，重获情感独立

Practical Tools to Establish Boundaries & Reclaim Your Emotional Autonomy

［美］琳赛·吉布森 —— 著
Lindsay C. Gibson

姜帆 —— 译

机械工业出版社
CHINA MACHINE PRESS

图书在版编目（CIP）数据

不被父母控制的人生：如何建立边界感，重获情感独立 /（美）琳赛·吉布森（Lindsay C. Gibson）著；姜帆译 . —北京：机械工业出版社，2020.10（2024.6 重印）

书名原文：Recovering from Emotionally Immature Parents: Practical Tools to Establish Boundaries & Reclaim Your Emotional Autonomy

ISBN 978-7-111-66625-7

I. 不… II.①琳… ②姜… III. 青少年心理学 IV. B844.2

中国版本图书馆 CIP 数据核字（2020）第 232170 号

北京市版权局著作权合同登记　图字：01-2020-3401 号。

不被父母控制的人生：如何建立边界感，重获情感独立

出版发行：机械工业出版社（北京市西城区百万庄大街 22 号　邮政编码：100037）

责任编辑：薛敏敏
责任校对：李秋荣
印　　刷：北京联兴盛业印刷股份有限公司
版　　次：2024 年 6 月第 1 版第 7 次印刷
开　　本：147mm×210mm　1/32
印　　张：8.625
书　　号：ISBN 978-7-111-66625-7
定　　价：59.00 元

客服电话：(010) 88361066　88379833　68326294

版权所有·侵权必究
封底无防伪标均为盗版

　　这部出色的作品为我们提供了一种简明有效的思路，帮助我们理解情感不成熟的父母是如何影响你的情绪、想法和行为的。借助书中具体的案例和练习，你能学会如何表达自己的感受，减少恐惧与自我怀疑，重获心理健康与幸福的权利。吉布森博士高超的治疗技术、深厚的心理学造诣以及实用的自助工具，让本书成为那些深受他人不成熟之苦的读者的必读书。本书不仅能让一般大众受益匪浅，也对专业人士具有重要的参考价值。

——路易丝·B. 卢宾（Louise B. Lubin）

哲学博士，执业临床心理学家

东弗吉尼亚医学院退休社区教师

　　多数人在童年都会遭受一些情感创伤，都会有些焦虑与不安全感。许多孩子之所以遭受严重的情感创伤，是因为他们的父母不够敏感、以自我为中心、控制欲过强。小孩子或青少年在面对这种情境时，无法冷静地看清问题的全貌，缺乏保护自己的力量，经常会为自己所面临的困境责备自己，以致终生都被困在自己的情感创伤中无法脱身。

好在吉布森博士的书能帮助这些受苦的孩子理解自身的困境，为他们提供打开康复之门的钥匙。本书可读性强、紧扣主题，既具备坚实的科学基础，又简明易懂，让无数寻求答案、渴望治愈创伤的读者能够接受。这是一本每个研究人类行为的读者以及每个心理健康从业人员都不容错过的好书。

——丹·W. 布里德尔（Dan W. Briddell）

哲学博士，具有 40 多年临床实践经验

美国专业心理学会认证的执业临床心理学家

著有《爱之虫以及心理治疗的其他逸事》

(*The Love Bug and Other Tales of Psychotherapy*)

琳赛·吉布森的这本最新著作文笔优美、通俗易懂，为所有被不成熟的父母养大的孩子提供了自助指南。作者用直截了当、循序渐进的方法，描绘了不成熟的父母的真实面貌，讲述了他们有意或无意的行为对孩子产生的深远影响。

通过案例研究、互动式写作练习以及内容丰富的"基本权利清单"，吉布森博士赋予了那些受苦的孩子力量，帮助他们找回最真实的自己。

——肯尼思·A. 西格尔（Kenneth A. Siegel）

哲学博士，从业 40 多年的临床心理学家

对那些曾为亲子关系所苦的成年人，以及想要正确引导来访者去开创美好人生的心理治疗师来说，本书是他们的必备读物。阅读琳赛·吉布

森的杰作，就像在与一位出色的、脚踏实地的、富有同情心的心理学家共处。这段经历将会拓展每个读者的自我概念，增强他的自信。本书是作者智慧的结晶，她将心理治疗的概念巧妙地转化和应用到了真实的世界与人生经历里。

——格蕾琴·勒菲弗·沃森（Gretchen LeFever Watson）
哲学博士，临床心理学家，罗斯大学医学院教授
著有《患者安全医疗指南》（*Your Patient Safety Survival Guide*）

真是太棒了！我花了40年时间跟来访者讨论琳赛·吉布森在这本好书里讨论的问题与解决之道，现在终于有了一本可读性极强的参考书。本书深入地讲述了每个来访者都需要知道的全部内容。其中的解释清晰简明，练习非常有效，对那些为不成熟的父母所苦的大众来说，本书是一本必读的作品。本书不仅能帮助那些不成熟的父母的孩子，对所有在许多成年人际关系中遇到困难的人来说，也是一堂绝妙的一站式课程。

——大卫·戈登（David Gordon）
哲学博士，临床心理学家，在诺福克市执业
著有《正念之梦》（*Mindful Dreaming*）
梦境研究所（The Dreamwork Institute）创始人

对被不成熟的父母养大的孩子来说，本书是一份很好的礼物。吉布森明白你的苦衷，她会帮你用从未有过的方式来看待和了解自己的父母。读过本书之后，你能学会如何用语言来表达自己的痛苦，这样你就能理解它、克服它。最终，你在努力与他人建立关系的时候，就能够与这种痛苦分离开来，这会使你感到更加满足。她对来访者和读者的关心之情发自肺腑、流露于字里行间，她希望在他们前进的道路上给他们以

支持。

————凯茜·阮·李（Kathy Nguyen Li）

心理学博士，执业心理学家

华盛顿智者心理咨询专业有限责任公司（Sage Counseling, PLLC）所有者

对那些生活在不成熟的父母所带来的痛苦阴影下的人来说，吉布森的笔触既清晰又给人以慰藉。她告诉读者，当初的父母让你形成了某种自我意向，而这种意向与今天的你截然不同。她允许你将父母的问题留给他们，让你从他们的思想、感受和行为中解脱出来。吉布森送了你一份珍贵的礼物！接受这份礼物吧，带着平和与真我的力量展望全新的未来吧！

————帕梅拉·布鲁尔（Pamela Brewer）

社会工作硕士，哲学博士，执业临床社工，心理治疗师

人际关系与心理健康主题的每日播客——《对话帕梅拉·布鲁尔博士》

（MyNDTALK with Dr. Pamela Brewer）主持人

这是一本极其罕见的好书，它是一本自助书，且能提供真正的治疗。在阅读时，读者始终能感到吉布森就陪在身边，她打破了读者的情感孤立，在这令人生畏的旅途中给予他们温和而具体的指导。本书体现了她的聪慧与慷慨。

————劳丽·赫尔戈（Laurie Helgoe）

哲学博士，著有《内在的力量》（Introvert Power）与

《脆弱的恶人》（Fragile Bully）

本书是一份真正的礼物，能够帮助那些难以承认自身的需求与情绪的读者。多年以来，不成熟的父母往往在无意中把自己的需求置于孩子的需求之上，让这些孩子无法意识到自己真正的需求。通过清晰且有效的案例解

析和书面练习，本书清晰地阐明了孩子遭受的情感控制——他们迫切追求的并非自己的需求。在本书中，吉布森让读者体验到了父母无法给予他们的关怀，引导读者发现了真正的宝藏：期待已久的自主、真实与活力！

——萨拉·Y. 克拉考尔（Sarah Y. Krakauer）

心理学博士，著有《分离性身份障碍治疗》

（*Treating Dissociative Identity Disorder*）

琳赛·吉布森又写了一本很有价值的书。本书包含许多深刻的智慧、思想、自我对话、探索个人内在体验的工具以及被不成熟的父母抚养长大的感受。不论对于个人成长还是咨询师的工作，这都是宝贵的资源。在治愈生活创伤的旅途中，本书能助你一臂之力，引领你走向更加快乐充实的未来。吉布森不仅提供了关怀备至的指引，还辅之以翔实的案例故事，以便我们更好地理解其中的思想。最后，她为所有不成熟的父母的成年子女提出了"基本权利清单"，这对于任何处于矛盾冲突中的人都是有帮助的。

——玛丽·安·基利（Mary Ann Kearley）

临床护理专家，执业专业咨询师

在弗吉尼亚州切萨皮克执业

琳赛·吉布森的这本新书非常引人入胜，是自我迷失与寻找自我之旅的生动记录。通过深入的研究，吉布森提出了许多实用且富有创意的建议，帮助我们去面对那些使我们失去情绪自主的家庭动力。如果你在人际关系中感到局促不安，你也会在书中找到相应的工具。吉布森告诉我们，最好的改变方式是自我联结，而非自我纠正。积极与自信能够取代消极与内疚。吉布森的谦逊、透彻的理解与开放的心态，让读者拥有了一种勇于迎接挑战的舒适心态。她在本书中透露了自己的梦想，那就是让读者获得

VIII

发现真我的知识。

林恩·佐尔（Lynn Zoll）
教育学博士，从业超过 35 年的临床心理学家
在弗吉尼亚州弗吉尼亚比奇市执业

琳赛·吉布森从一个经验丰富的临床工作者的角度，对不成熟的父母的教养提出了富有创意的观点，她看到了早期教养对来访者的成年生活产生的持续影响。我很喜欢她的观点。她记录的临床案例感人至深，她鼓励读者使用每章里的实用治疗工具。这些工具能帮助读者打破根深蒂固的习惯，建立真正的自我。在我们似乎忘记了自省与真诚的价值的今天，本书正是我们所迫切需要的。

——卡特林·哈特曼（Kathrin Hartmann）
哲学博士，心理治疗师
弗吉尼亚州诺福克市东弗吉尼亚医学院教授

在这本新书里，琳赛·吉布森为理解不成熟的父母提供了独特的视角，揭露了他们的内心世界。她巧妙地描述了与这些父母有关的挑战，并引导读者踏上一段目标清晰的旅程，帮助他们重新找回自我。

本书将复杂的心理学概念与技巧以非常清晰的方式呈现出来，引导读者走出困境，让他们在与自身和他人的关系中充满力量。

这真是一本宝书！对于每一个关注内在世界、渴望以全新的方式生活的人，我迫不及待地想与他们分享本书！

——金·福布斯（Kim Forbes）
教育学硕士，执业临床社工，协会注册社工
定点心理咨询中心（Still Point Psychotherapy）所有者
从业 25 年的心理治疗师，在弗吉尼亚州弗吉尼亚比奇市执业
心理与灵性转化学说的研究者、教师

跨越无限与未知之境

前言

　　有一天，在聆听一位来访者谈论她的父亲时，我意识到她的父亲并非只是举止不当、有虐待倾向，他的心理是不成熟的。她的父亲就像一个非常年幼的孩子，浮躁，以自我为中心，完全不顾及自己对孩子的影响。在情绪层面，他就像个大号的孩子——最多 14 岁。我想起了许多接受治疗的来访者，他们的父母喜怒无常，常常做出过激的反应，他们的童年也因此蒙上了阴影。即便在长大以后，他们也没能摆脱这些不成熟的父母的控制，而这些父母虽然是心理上的婴儿，却拥有顽固不化的权威感以及强有力的成人体魄。就在那一天，我对这些父母有了新的认知——他们虚假的权威被剥去了，露出了恃强凌弱者的本色。

有些来访者，他们的父母虽不成熟，但行为表现比前述父母好。不过，他们十分冷漠，甚至完全拒绝与孩子有任何情感联结，以至于孩子多年来一直生活在孤寂之中，缺乏与他人的联结。虽然这些父母从外表上看起来很能干、很可靠，但实际上他们十分自私、缺乏同理心，以至于无法与孩子相处。还有些来访者的父母虽然很和善，但当孩子遇到真正的问题或者需要保护时，他们就会无动于衷，辜负孩子的信任。

不论这些父母在个人行为上有何不同，他们在骨子里都是一样的：缺乏同理心，以自我为中心，无法与孩子保持令人满意的情感联结。总而言之，我的许多来访者都是在充斥着冲突、讥讽，缺乏亲密感的家庭环境中长大的。

矛盾的是，许多不成熟的父母在其他方面表现得像真正的成年人一样，他们在工作或社会团体中表现良好。从外表上看，我们很难相信在家里时他们会给孩子带来这样的痛苦。

作为孩子，来访者为父母矛盾的人格感到深深的困惑。此时，他们唯一合理的选择就是责备自己。对于那些在幼时遭到虐待与忽视的人，他们只能认为这是自己的错，因为他们不够可爱或者不够有趣。这些来访者认为自己的情感需求都是不合理的，他们为自己对父母的愤怒感到内疚，轻描淡写地描述父母的行为，并为父母的错误寻找借口（没错，他们的确打我了，但那时候很多父母都打孩子）。

不成熟的父母所带来的问题

童年时与不成熟的父母一同生活，会导致长期的情感孤独，并且让孩子对一般性的人际关系感到矛盾。不论他们多么努力地与父母沟通，尝试与其建立联结，最终都会觉得受到忽视、无人回应，由此导致的结果就是情感孤独。成年后，这些孩子常常会被令人失望的伴侣和朋友所吸引。这些人以自我为中心，拒绝深层的情感联结，这让他们产生了一种非常熟悉的感觉。

当我为来访者讲解何谓不成熟的父母时，许多人都能从中发现自己的过往。他们会茅塞顿开。不成熟的父母这个概念，解释了这些父母的爱为什么是以自我为中心的，父母为什么会拒绝与孩子建立深层的情感联结。一旦他们理解了父母的不成熟之处，他们也就理解了童年时的关键时刻。只要他们能客观地看待父母的局限性，他们就不会再被不成熟的父母左右。

并非只有实际的虐待是有害的。这些父母的整体教养方式是不健康的，他们在自己与孩子之间创造了一种焦虑且缺乏信任的氛围。他们以肤浅、强制、武断的方式对待孩子，破坏了孩子信任自身想法与感受的能力，从而限制了孩子的直觉、自我引导能力、效能感与自主性的发展。

作为不成熟的父母的孩子，你可能已经学会为了不影响父母的情绪而自我封闭，这是因为你的自发行为很可能会冒犯敏感的父母。不成熟的父母的过激反应，会让孩子学会抑制自己，养成被动而顺从的性格，而不是培养孩子的个性以及对他人的信任。为了与这样的父母相处，你更容易选择短期内见效的办法——忽略真实的自我与自己真正的需求。但从长远来看，你最终会被责任、内疚和羞耻压得喘不过气，感到自己被困在家庭角色之中。好消息是，一旦你理解了这样的父母和他们对你产生的影响，你将再次成为生活的主人。

写作本书的目的

本书的主旨是帮你理解父母的不成熟是如何影响你的。除非你能明白父母心理上的局限性，否则你可能会错误地责怪自己，或者希望他们做出不切实际的改变。本书将帮助你了解自己面临的困境，同时也能让你更深入地理解自己的父母。

在本书中，你会学到何谓不成熟的性格与行为及其原因，这些性格与行为还没有公认的定义。我写作本书的目的，就是教你用语言来描述在这种不成熟的关系中所发生的每件事，既包括你与父母之间发生的事，也包括你在试图面对他们时的内心活动。一旦你能说出这些事情是什么，你就能处理这些问题了。这些不成熟的人对你产生了许多影响，但你不一定要让这些影响支配你的一生。你可以找出并消除这些影响。

书中还有一些书面练习，这些练习可以增强你的自我觉察能力，让你深入理解自己与不成熟的父母或其他不成熟的人之间所发生的事情。我希望这些互动练习能让你觉得既有趣，又有启发性。

理解情感不成熟的及时性

情感不成熟（emotionally immature）这个话题的重要性是空前的。情感不成熟的行为表现在当今社会非常普遍，那些不成熟的人给各行各业的人带来了很多痛苦。因为这些人热衷于控制他人，唯我独尊，他们不会给别人留下足够的空间或资源，让别人自在地与他们相处。他们有着以自我为中心的权利感，理直气壮地忽视他人的权利，毫无顾忌地欺侮、骚扰、利用他人，他们有许多狭隘的偏见，若担任公职，就会贪污腐败。

不幸的是，不成熟的领导不会质疑自己，他们看起来强大而自信，诱使追随者支持不符合自身利益的政治方案，而这些政治方案往往只为领导自身服务。我们容易受到这种自我中心式的权威支配，这是童年时不成熟的父母所造成的。他们教导我们，我们的想法不如他们的想法重要，不论他们说什么，我们都要接受。显然，这种不成熟的教养方式会让孩子很容易被人利用，成为极端主义甚至邪教的牺牲品。

学习有关情感不成熟的知识，有助于你理解和面对所有不成熟的行为，不论这种行为来自何人。在你的生活中，不成熟的人可能是父母、孩子、兄弟姐妹、雇主、客户或其他任何人。不论是在家庭内部还是外部，人际关系的动力都是一样的。对于不成熟的父母行之有效的方法，对其他不成熟的人也是有效的。

章节要点

本书的第一部分，集中讨论了你所面临的困境，探讨了被不成熟的父母抚养长大的感受（或者与任何不成熟的人相处时的感受），并且教你可以采取哪些行动。

在第 1 章中，我们会探讨孩子与不成熟的父母之间的关系。你会了解他们标志性的情感不成熟的关系系统，以及他们如何试图让你为他们的自尊和情绪稳定负责。你也会发现他们成为这种人的原因。

第 2 章讲述了情感不成熟的人的人格特征。你也能学会发现不成熟的人是如何进行情感胁迫（emotional coercion）和情感控制（emotional takeover）的，以及他们是如何利用你的自我怀疑、恐惧和羞耻来维持他们在人际关系中的中心地位的。

在第 3 章中，我们会探讨你过去是如何尝试与不成熟的父母建立良好关系的。我们会讨论不同类型的不成熟的父母，以及他们为什么排斥亲密。你会学习如何更客观地看待不成熟的父母，为自己没能得到的幸福哀伤，并与自己和他人建立一种更具同情心、更加忠诚的关系。

第 4 章会告诉你如何质疑那些不成熟的人对现实的歪曲，质疑他们制造的情绪危机，以此来避免遭受情感控制。你将学到如何设置恰当的界限，以及在何时、如何回应他们的求助。你会发现他们是如何利用人际压力来让你与自己的真实感受脱节，让你为他们的快乐负责的，尽管你知道自己不该如此，你也难免受其控制。

在第 5 章中，你会学到在面对典型的不成熟行为时，应该说什么、做什么，从而做出最有效的回应。你会学到如何避开他们给你施加的压力，主导自己与他们的互动，并制止情感控制。

第 6 章讲述了不成熟的父母和其他不成熟的人是如何利用无数微妙的方式来破坏你的自信，让你无法信任自己的直觉的。不成熟的人对你的内心生活怀有敌意，他们嘲笑甚至否定你的感知、想法和感受。在这一章中，你会学习如何忠于自己的内在体验，从而避免遭受这种羞辱。

在本书的第二部分，我们的重心将从理解和应对不成熟的人，转移到增强你的个性上来。当你更加关注自己的成长时，你将会扭转这些与不成熟的父母一同生活给你带来的影响。

读完第 7 章后，你会理解为什么重视自己的内心世界对于重建与自己的稳定关系是至关重要的。一旦你对内在自我产生了新的忠诚，你就会信任自己、悦纳自己的感受，这种感受是一种无价的信息，它能告诉你需要关注什么。

第8章会告诉你如何抛弃不成熟的人给你灌输的思想，为你自己的思想腾出空间。不成熟的父母会排斥所有的不同意见，他们使你产生许多自我怀疑。你会在本章学到如何消除这些怀疑。当你清除了过往那些不成熟的人所带来的噪声之后，强迫性的焦虑和自我批评就会减少。

读完第9章后，你会更新并拓展你的自我概念。在过去，不成熟的父母不太可能帮助你建立准确而自信的自我意象。相反，他们更可能要你顺从他们，让你把别人的需求和感受看得比自己的更重要。一旦你的自我概念发生了变化，你就会开始欣赏自己给这个世界带来的一切。你可能仍然持有歪曲或过时的自我概念，在本章中，你还会学到如何消除这些自我概念。

在最后一章中，你会为自己所学的东西做出总结。你会回顾自己与不成熟的人所"签订"的关系契约，审视自己是否做好了准备，能否将你们之间的关系置于更加平等的基础之上。你最终的目标就是建立一段稳定的关系，而且这段关系要忠诚于你的内在自我与幸福。你也会学习如何改善你与不成熟的人之间的关系，同时不牺牲真实的自我，也不对他们横加指责。

最后，结语中有一份全新的"基本权利清单"，这份"基本权利清单"

是献给所有不成熟的父母的成年子女的。清单中的基本权利表达了本书的主要思想，可以用于提醒你学到了什么。

我对你的祝愿

我希望你在读完本书后，能有一种被理解、被赋能的感觉，能建立全新的自我联结，拥有全新的自我理解，去过一种崭新的生活。父母给了你生命和爱，只不过，他们只知道以那种方式来爱你。你可以因此而尊重他们，但不要让他们再控制你的情绪。你现在的任务是自我成长：成为一个真诚地面对自己与他人的人。如果你发现本书在这方面有所助益，那我的梦想就实现了。

目录

赞誉

前言

....
第一   **应对不成熟的父母：**
部分   如何抵御他们的情感控制
....

第 1 章　与不成熟的父母相处有什么感受　/ 2

第 2 章　不成熟的父母是如何控制你的　/ 23

第 3 章　为什么你渴望亲近父母，却常常失望　/ 50

第 4 章　如何主动抵制父母的情感控制　/ 76

第 5 章　如何在与父母的互动中设置边界　/ 99

第 6 章　如何捍卫拥有内在体验的权利　/ 123

第二部分

重获情感独立：
学习自我成长的新技能

第 7 章　培养与自我的关系，重视自己的内在体验　/ 146

第 8 章　与自我对话，扫除思想垃圾　/ 168

第 9 章　构建一个更健康的自我概念　/ 191

第 10 章　在当下的互动中改善与父母的关系　/ 215

结语　成年子女的基本权利清单　/ 241

致谢　/ 247

参考文献　/ 250

第一部分

应对不成熟的父母：
如何抵御他们的情感控制

在本书的第一部分里，你会了解到与情感不成熟的父母相处时的感受，他们是如何变成这样的，他们有什么个性特征，以及我们为什么难以与他们建立令人满意的亲密关系。他们的情绪会歪曲现实，而且他们会试图控制你，但你可以通过学习如何使用一些工具和互动策略，保护你健康的关系界限。你会明白为什么在他们身边时对自己保持忠诚是非常重要的，并且知晓如何抵制他们的迫切要求与情感胁迫。

第1章

与不成熟的父母相处有什么感受

不成熟的父母对关注的要求伴随着对亲密的提防，造成了一种忽近忽远的关系，让你孤单寂寞，情感需求得不到满足。你关心他们，但你无法接近他们，也无法与他们建立真实的关系。

　　情感不成熟的父母让人垂头丧气、心灰意冷。我们很难去爱这样的父母：他们在情感上遥不可及，期待他人以礼相待，得到特殊的照顾，同时又试图控制你、忽视你。

　　与不成熟的父母相处，有一个最大的特点，即无法满足自己的情感需求。人们在亲密的情感关系中才能对彼此有深层的了解和理解，但他们对这种亲密毫无兴趣。这种互相分享、发自内心的感受能创造令人满足的深度关系，让双方珍视彼此，但这让他们感到不适。

　　在不成熟的父母身上，有时你能瞥见一丝稍纵即逝的对真实联结的渴望，这让你不断尝试与他们建立联结。不幸的是，你越主动，他们就越退缩，越提防真正的亲密。这就好像在和一个远离你的人跳舞，他的远离与你接近的步幅完美同步。他们对关注的要求伴随着对亲密的提防，造成了一种忽近忽远的关系，让你孤单寂寞，情感需求得不到满足。你关心自己的父母，但你无法接近他们，无法与他们建立真实的关系。

　　但是，一旦你理解了他们，你的体验就会变得合情合理，你的情感孤独也就说得通了。理解了情感不成熟的心理状态，你就能学会如何与这样的父母，或与任何不成熟的人相处，摆脱他们的情感胁迫，根据你能够或不能从他们那儿获得的东西，与他们建立更为真实的关系。

　　在本章中，我们会探讨与这种情感淡漠的父母亲密接触会有什么感觉。你会了解情感不成熟的关系系统，他们会以此来代替爱；你也会看到不成熟的父母是如何变成那样的。

在你的探索过程中，最好在前进的途中记录下自己学到的东西。书中有一些练习，能帮助你理解书中的内容。通过记录自己的探索过程（最好专门为此准备一个新日记本），你会给予自己关键的情感支持与认可，这是你不成熟的父母难以做到的。

在这种记录的帮助下，你最终能够把过去难以捉摸、未被言明的体验白纸黑字地写下来。一定要记录下自己在阅读过程中产生的感受、回忆和见解。这些记录可以与父母有关，也可以与你认识的任何不成熟的人有关。在记录自己的体验和领悟时，请在每段记录的后面留几行空白，以便日后增添新的见解。日后回顾自己的起点，将使你受益无穷。让我们来看看你为何要阅读本书。

你为什么翻开这本书

花些时间想想是什么吸引你阅读本书的。在你的日记本里，或先在一张纸上，写下这个书名吸引你的地方。你希望有哪些收获？你希望更了解谁？这个人给你带来了怎样的感受？你希望怎样改变自己与这个人的关系？如果这个人已经不在世了，你希望你们之间曾经能有什么样的关系？

现在我们来探讨你与不成熟的人之间的关系，以及他们给你带来的感受。这可能会唤起你旧日的困扰，就像任何自我探索过程一样，所以请你务必根据自己的需要，决定是否寻求心理治疗师的额外帮助。

与他们相处有何感受

不成熟的人都有一种明确的人际风格。下面是 10 种在与他们的关系中你会有的感受。

在他们身边时，你感到非常孤独

在不成熟的父母身边长大会产生孤独感。尽管你的父母人在身边，但你觉得自己在情感上是孤身一人的。尽管你觉得自己与这样的父母有着家人的联结，但这与安全的亲子关系有着很大的不同。

不成熟的父母喜欢告诉孩子应该做什么，但他们不擅长情感抚育。他们可能会在你生病的时候把你照顾得很好，但他们不知道如何安抚你受伤的感受与心灵。当他们尝试安慰难过的孩子时，会显得尴尬而不自然。

与他们的互动是单方面的、令人沮丧的

不成熟的父母过度关注自我，缺乏同理心，因此与他们的互动像是单方面的。这就好像他们成了自我关注的囚徒。当你尝试

与他们分享一些对你重要的事时，就像在对牛弹琴，他们会改变话题，转而讨论自己，或者忽略你所说的话。这种父母的孩子通常十分了解父母的问题，父母却不了解孩子的问题。

尽管不成熟的父母在不高兴时需要你的注意，但他们很少在你难过时倾听你的声音或理解你的感受。他们不会坐在你身边，听你诉说自己的烦心事，相反，他们通常会提供肤浅的解决方案，告诉你不要担心，他们甚至可能会因为你不高兴而生你的气。你感到他们心门紧锁，好像你在他们心中没有一席之地，无法获得他们的同情和安慰。

你觉得受人胁迫、陷入困境

不成熟的父母坚持要你把他们放在首位，让他们掌管一切。因此，他们会用羞耻感、内疚感或恐惧来胁迫你，除非你按照他们的意愿行事。如果你不遵守他们的规则，他们就会勃然大怒。

许多人用"操纵"一词来形容这种情感胁迫，但我认为这个词会让人产生误解。这种行为更像生存本能。他们会做一切使自己在当下觉得受到保护、更有掌控力的必要行为，并忽视你可能付出的代价。

你可能会因为他们肤浅的交往方式而陷入困境。因为不成熟的父母会用肤浅的、自我中心的方式与人交往，所以与他们的交谈通常很无聊。他们会坚持谈论自己觉得安全的话题，翻来覆去、停滞不前。

他们把自己放在第一位，把你放在第二位

不成熟的父母做事总以自我为参照，也就是说，一切都得围绕着他们。一旦事情涉及他们自己的需求，他们就希望你安于第二的位置。他们更为重视自己的利益，让你觉得自己毫不重要。他们不需要平等的关系。他们想要盲目的忠诚，希望你优先考虑他们的需求。

父母不重视你的情感需求可能会让你缺乏安全感，担心父母心里是否有着自己，是否支持自己，这会让你易受压力、焦虑和抑郁的影响。在一个无法信任父母能注意到自己的需求，或保护自己免受可怕事物伤害的童年环境中，这些反应是合情合理的。

他们不愿与你亲近，不肯对你敞开心扉

尽管他们的情绪反应非常强烈，但不成熟的父母会回避自己的深层情绪（McCullough et al., 2003）。他们害怕暴露自己的情绪，经常躲在防御性的外表背后。他们甚至避免对自己的孩子露出温柔的一面，因为这会让他们显得太过脆弱。他们也担心表现出爱意会有损自己作为父母的权威，而权威是他们自认唯一能得到的东西。

尽管这样的父母会隐藏自己脆弱的感受，但他们会在与伴侣争吵、抱怨自己的问题、发泄，或对孩子大发雷霆时表现出许多强烈的情绪。当他们生气时，他们似乎一点儿都不害怕表明自己

的感受。然而，这种单方面的情绪爆发仅仅是缓解情绪压力的方法。这与愿意敞开心扉、建立真正的情感联结是完全不同的。

因此，安慰他们是非常困难的。他们想要你知道他们有多难过，但他们不愿接受真正的安慰所带来的亲密感。如果你试图让他们感觉好起来，他们可能会把你推开。这种糟糕的接受能力（McCullough，1997）让他们无法从你这里获得任何安慰和联结。

他们通过情绪感染来与人沟通

不成熟的父母不会与人谈论自己的感受，他们通过非言语的情绪感染（emotional contagion）来表达自己的感受（Hatfield，Rapson，& Le，2009）、践踏你的边界，让你变得和他们一样难受。在家庭系统理论中，这种缺乏健康边界的现象被称为情绪混淆（emotional fusion）（Bowen，1985）；在结构式家庭治疗中，这种现象叫作纠缠（enmeshment）（Minuchin，1974）。通过这个过程，不成熟的家庭成员会被卷入彼此的情绪和心理问题之中。

不成熟的父母就像小孩子一样，他们什么都不说，想要你凭借直觉知道他们的感受。当你猜不到他们的需求时，他们就会受伤和生气，他们期待你知道他们想要的事物。如果你抗议说他们没有告诉你想要什么，他们的反应会是这样的："如果你爱我，你就会知道。"他们希望你与他们的感受一直保持同步。婴儿或小孩子希望父母给予自己这种关注是合理的，但父母对孩子有这种期望就不合理了。

他们不尊重你的边界和个性

不成熟的父母并不真正理解边界的意义。他们认为边界意味着拒绝，因为你不让他们在你的生活中为所欲为，所以你就不够关心他们。这就是为什么当你要求他们尊重你的隐私时，他们会表现得疑心重重，感到深受冒犯。只有当你允许他们随时打扰你时，他们才能感到被爱。不成熟的父母希望支配他人、拥有特权，这样他们就不必尊重他人的边界了。

不成熟的父母也不会尊重你的个性，因为他们认为没有必要。对不成熟的人来说，家庭角色是既定的，家长权威是不容置疑的，他们不明白你为什么想要个人空间或者独立的身份认同。他们不明白为什么你不能像他们一样思考，和他们持有相同的信念和价值观。你是他们的孩子，因此你必须从属于他们。即使你已经长大成人，他们也希望你能继续对他们百依百顺，即使你坚持要过自己的生活，至少也要听从他们的建议。

你们之间的情绪性工作全部由你负责

情绪性工作（emotional work）（Fraad，2008）是你为了在情感上适应别人的需求而做出的努力。情绪性工作可能很轻松，比如彬彬有礼、令人愉快；也可能非常复杂，比如对情绪失控的青少年说出正确的话。情绪性工作包括同理心、常识、对动机的觉察以及对他人反应的预期。

当一段关系出现问题时，对情绪性工作的需求就会激增。道歉、寻求和解、做出弥补都是维持长期的健康关系所需的令人疲惫的情绪性工作。但是，因为不成熟的父母缺乏修复关系的意识，所以重建联结的工作就落在了你的肩上。

不成熟的父母非但不会道歉，还会把事情弄得更糟，他们会推卸责任、指责他人，不承认对自己的行为负有责任。在有些情况下，直接道歉似乎是更容易的做法，但不成熟的父母会顽固地认为是你做得不对，或者是你没做到什么，所以他们才会做出伤害你的行为，如果你更懂事，按照他们说的做，这个问题就不会发生了。

你失去了情绪自主与精神自由

因为不成熟的父母会把你看作他们的延伸，所以他们会忽视你内心的想法和感受。他们认为自己有权对你的感受做出评判，不论他们认为你的感受是合情合理还是毫无根据，他们的权威都不容置疑。他们不尊重你的情绪自主，也不尊重你的自由以及你拥有独特感受的权利。

你的想法必须与他们一致，如果你的理念与他们产生了冲突，他们就会表示震惊和反对。即便是在内心深处，你也没有思考某些问题的自由。（想都别想！）他们会根据自己的舒适程度，为你所有的想法和感受定义好坏。

他们可能很扫兴，甚至可能有虐待倾向

不论是对自己的孩子，还是对其他人来说，不成熟的父母可

能都是非常扫兴的。他们很少与别人产生共鸣，所以他们也不会因为他人的快乐而感到愉悦。他们不会为孩子的成就感到骄傲，反而会给孩子泼冷水。他们常常提醒孩子成年生活的绝望，致使孩子关于未来的梦想破灭。

比如，马丁曾在十几岁时骄傲地告诉父亲，他第一次参加音乐演出就赚了 50 美元，而他父亲的第一反应是指出没人能靠这种微薄的收入养家糊口。由于缺乏同理心，马丁的父亲完全没抓住马丁当时的情绪重点。

虐待则不仅仅是扫兴这么简单，而是以对他人施加痛苦、羞辱或强制的约束为乐。虐待行为也是在宣称自己是关系中最有权力、最重要的人。有虐待倾向的不成熟的父母喜欢让孩子受苦，不论是对孩子施加身体的痛苦还是心理的痛苦，他们都能从中获得快乐。身体虐待显而易见，隐性的虐待则往往伪装成"取笑"和"开玩笑"。

比如，当艾米丽把未婚夫介绍给家人的时候，她那有身体虐待倾向的父亲"开玩笑"地说，如果艾米丽太多嘴，未婚夫就应该把她赶出家门。母亲和姐妹们也插嘴"戏弄"艾米丽，她们对艾米丽的痛苦和尴尬冷嘲热讽。

有虐待倾向的父母喜欢让孩子感到无助。他们喜欢在暗地里给孩子施加极端的体罚，长时间地拒绝与孩子交流，他们给孩子关禁闭的时间长得令人发指，或者让孩子陷入困境，从而让孩子感到深深的绝望。比如，在布鲁斯年幼的时候，父亲喜欢让他坐在自己的腿上，把他紧紧抱住，不让他下来。如果布鲁斯开始扭动或哭泣，父亲就会叫他回到自己的房间里去，用皮带抽他。然后，父亲会向他道歉，但同时解释道，布鲁斯是个"坏孩子"，所以他挨打是他自找的。

在下一节里，我们会探讨不成熟的父母是如何影响他人的情绪与自我价值的。他们的人际交往风格会在潜意识的层面上直接影响你的情绪和自尊。他们对你做出的反应会让你觉得自己或好或坏，这取决于他们是想控制你，还是想让你站在他们那边。

情感不成熟的关系系统

不成熟的人不能很好地调节自己的自尊与情绪稳定性。他们需要他人平和地对待他们，才能保持平衡的心理状态。所以，他们总是让他人觉得自己有责任让他们感到快乐。他们通过极其复杂、微妙的暗示来影响他人的感受。我将这种模式称为情感不成熟的关系系统（emotionally immature relationship system，EIRS）。

这个关系系统让你更加关注不成熟的父母的情绪状态，而不关注自己的情绪。在这种关系系统的影响下，你会时刻受到不成熟的父母的情绪需求的影响，而忘记倾听自己本能的声音。你觉得无论付出什么代价，都需要安抚不成熟的父母。你会发现自己把他们的需求和感受看得比自己的情绪健康更加重要。为了让他们心境平和，你过度关注他们与他们的反应，而这种关注并不健康，以至于你无法摆脱他们情绪状态的控制。一旦发生了这种情况，你就受到了他们的情感控制。当他们的情绪状态成为你关注的中心时，情感控制就产生了。

在人类生命的早期阶段，这种不成熟的关系系统是正常的。对婴儿和照料者之间的情感和谐来说，这样的关系是必要的。为了生存和生长，婴儿需要慈爱的成年人来满足他们的需求，并且在难过的时候安慰他们。一般的父母在听到婴儿的哭声时会感到痛苦，他们会尽一切努力使孩子平静下来。如果父母足够敏感，孩子的痛苦就会立即变成父母的痛苦，他们会非常关心孩子的情绪状态，就像关心孩子的身体舒适一样（Ainsworth，Bell，& Strayton，1974；Schore，2012）。这种情感帮助在婴幼儿期是至关重要的。

对正常的孩子来说，随着他们逐渐长大，他们对持续关注与安抚的需求会相应地减少。但是对不成熟的父母来说，他们的自我调节能力并没有随着年龄的增长得到充分的发展。因为他们无法调节自身的情绪，难以处理失望的感受，所以他们仍然希望别人知道他们想要得到怎样的对待，并且立即让他们的感受好起来。如果别人不把他们放在第一位，他们就会有崩溃的危险。他们就像小孩子一样，需要许多的关注、服从和积极的反馈，只有这样他们的情绪才能保持稳定。但是，他们却不像孩子一样能从关注中收获成长。他们在童年早期经历的创伤和情感匮乏加强了他们的心理防御，不论得到多少滋养，他们都会陷在旧有的防御模式中无法脱身。

不成熟的关系系统对你有哪些影响

在你刚刚陷入某个不成熟的关系系统时，你可能不会注意到任何异常。这种人际互动系统里的情绪感染（Hatfield, Rapson, & Le，2009）非常强烈，你在意识到这种情绪感染之前就已经陷入其中了。这就是为什么事先了解他们会在关系中给你施加的压力，对保护你的边界、情绪自主以及自我价值感来说是如此重要。你必须提高警惕、做好准备，才能不受他们的情感控制。

你觉得自己应该为他们的感受负责

你可以把不成熟的关系系统想象成他们施加在你身上的咒语，这道咒语让你相信他们的快乐是你的责任。你同样要为他们的愤怒和坏情绪负责，好像你从一开始就应该消除他们的不适。

当不成熟的人感到沮丧时，他们的痛苦会渗透进你的心灵，占据你内心的中心地位。你过度担心如何与他们相处，以至于满脑子都是他们说的话和做的事。甚至当你在做别的事或晚上睡觉时，他们的坏情绪也会在你心里挥之不去，让你不断地想：我做错了什么？我该怎么做才好？我给他们的帮助够多吗？

当他们的不快乐渗透进你的心里时，你会觉得自己有责任让一切恢复正常。不成熟的关系系统已经将你拖入了他们的感受里，以至于他们的痛苦变成了你的痛苦。这时，你会忘记自己的感受与需求。一旦不成熟的关系系统控制了你的情绪，即便你知道事实并非如此，你也会觉得他们的问题就像是你的问题。

约翰的故事

约翰年迈的母亲住在一个舒适的退休社区里，但她经常给约翰打电话，向他抱怨一些社区员工很容易就能解决的问题。她的语气总是显得那么急迫，让约翰觉得他必须放下手边的一切，赶紧前去帮忙。其实，母亲并不需要帮手，她只是需要知道自己能随时联系上儿子。尽管约翰知道母亲并没有看上去那么急需帮助，但当母亲心烦意乱时，他还是发现自己无法安心。

弗兰克的故事

弗兰克独居的父亲罗伯特经常在半夜酗酒后给他打电话。罗伯特常常把自己锁在公寓门外，然后叫弗兰克来帮他。当罗伯特生病时，他会叫弗兰克来医院陪他，他总是说："因为我没有别的亲人了。"弗兰克无法开口拒绝，因为父亲的声音听起来那么可怜。罗伯特的问题占用了弗兰克越来越多的时间，他的家庭和工作都开始受到影响。弗兰克对父亲的困扰太过感同身受了，以至于他完全没想过父亲可能有责任过好自己的生活。

当然，健康成熟的人有时也会需要帮助，但他们求助的方式与此不同。他们在求助的时候，会考虑对方的情况。他们允许对方说不。他们不会要求你放下一切去照顾他们，而且当你伸出援手时，他们会表达感激。相反，不成熟的父母会对你施加情感压力，如果你拒绝，他们就会表示你不是真心在乎他们。

你感到疲惫和担忧

陷入不成熟的关系系统是一件非常令人疲惫的事情，因为你要为对方做太多情绪性工作。与不成熟的人交往时，你在他们身上消耗的心理能量远远超过了在其他人身上消耗的。而且，你总在等着不可避免的问题发生，因为你长久以来一直担心他们接下来会闹出什么紧急情况。一旦不成熟的关系系统控制了你，你就无法安心，你会始终保持高度警惕，因为你不知道他们何时会有情绪起伏的危险。这种对他们情绪的无意识、不间断的监控会让你精疲力竭。

成熟的人知道你不可能随时都有空。他们能理解你的情况，尊重你的界限。

你觉得你无法拒绝

当不成熟的父母把他们的问题抛给你的时候，他们往往情绪激动，以受害者自居，让你觉得好像无法拒绝。在你反应过来前，你的感受是无关紧要的，稳定他们的情绪就成了你的任务。一旦发生这种事情，你就失去了自己的情绪自主——你失去了尊重自己的感受、凭自己的感受行事的自由。

不成熟的父母会强迫你扮演最符合他们情感需求的角色。比如，当他们感到不堪重负的时候，你就会发现自己不得不介入他们的事务，替他们解决问题。如果他们觉得被冤枉了，你就会替他们心怀仇怨。如果他们感到孤独或不被重视，你可能会向他们表达爱与忠诚，而这些感受超出了你真情实感的程度。这就是不成熟的关系系统的力量。

如果你不能帮助他们，不成熟的父母就会表现出受伤或被遗弃的样子。如果你拒不服从，他们很快就会发脾气、勃然大怒。他们先是利用你的同情心，然后用自己的脾气来威胁你。如果你不立即采取行动让他们感觉好起来，他们就会表现出受到侮辱的样子，然后指责你没有心肝。如果你不把他们的问题当作你的重中之重，他们就会把你称作自私、不可靠的人。

在家庭里，不成熟的父母和不成熟的关系系统会创造一种情感上的极权主义氛围。所有人都必须紧盯着父母的情绪和需求，因为如果孩子不能安抚父母的痛苦，父母的情绪就会升级，甚至崩溃。这种控制往往会让孩子乖乖听话，因为对孩子来说，没有什么比看到成年父母情绪崩溃更可怕的了。同样的道理也适用于一个人的伴侣、朋友或老板。

当你试图解决他们的问题时，你会感到很挫败

虽然不成熟的父母会向你抱怨，但他们往往并不打算接纳任何解决问题的建议。对他们来说，这不是一种双向互动。如果你提出建议，他们甚至可能会表现出受到侮辱或冒犯的样子。他们没有耐心听你提出的解决方案，并且经常会说"是的，但是……"这样的话，因为很明显，你没有意识到他们的处境有多艰难。事实上，他们会有些气愤，因为你居然认为这个问题可以这么轻易地得到解决。难道你没看到他们的问题有多棘手、多复

杂、多特别吗？为什么你就不能站在他们那边呢？

不成熟的父母很少礼貌地寻求帮助，例如"你能帮我解决这个问题吗"或"我应该怎样才能解决这个问题呢"。相反，他们会用令人焦虑的紧迫感来影响你，好像替他们解决问题是你的责任。当你替他们解决第一个问题后，事情远远不会就此结束，事情才刚刚开始。

你的帮助不会让他们满意太久。帮他们一次是根本不够的，因为他们的主要目标是尽可能长久地占有你的关注，让你为他们操心。他们不想要任何指导，他们想要的是你。他们接连不断、无法解决的问题是占有你的最佳手段。一旦你开始解决他们的问题，他们的问题就会像九头蛇的脑袋一样，"砍掉一个，又冒出两个"。他们的问题是把你封锁在不成熟的关系系统里的工具。

他们的失望让你觉得受到了指责

不成熟的父母可能会在无意识中将自己早期经历过的不满意的母子关系投射到与你的关系之中。这可能就是为什么他们经常抱怨你不够爱他们，不够关心他们。你可能会觉得自己受到了指责，就好像是他们遭受父母背叛的童年创伤在你的身上重演了。你可能会觉得自己像是某个古老的家族故事中的恶棍，虽然这个故事与你本人没什么关系。

吉尔的故事

吉尔的母亲克莱尔遭遇了一场小小的车祸，但没有受伤。一个星期后，吉尔打算出门旅行，她很久之前就在计划这次旅行了，克莱尔却为此烦恼不已。她私下里希望吉尔能取消这次出行，但吉尔没有取消行程，克莱尔因此感到受伤。"我以为你是爱我的。"克莱尔对着吉尔哭诉，这种失落之情就像她小时候被自己的母亲送去和祖父母居住时一样。克莱尔在无意识间将自己童年早期被遗弃的创伤投射到了她与成年女儿的关系里，所以她对待吉尔的态度就像对待那个她情感匮乏的童年记忆里的母亲。

你对他们的情绪反应过于强烈

不成熟的父母会诱使你对他们做出不同寻常的情绪反应。他们会设法在你心中激起与他们相同的感受，借此来释放自己不愉快的情绪。他们假装自己没有这种情绪，但实际上他们把自己的情绪投射到了你的身上，让你去遏制并处理这些情绪，这样一来，仿佛你才是那个不高兴的人。比如，一个具有被动攻击模式的不成熟的人可能会让你火冒三丈，但他们不知道自己有多生气。这种通过在无意识中让他人感受不良情绪，从而摆脱这种情绪的方法，叫作投射性认同（projective identification）（Ogden，1982）。这就像和孩子相处一样，你最终要承受他们难以接受、不被承认的情绪。因为这个过程的发生非常迅速，而且无法被一般的意识所觉察，所以在你意识到之前，你就已经陷入这些感受之中了。这是一种非同一般的心理现象——不成熟的人通过唤起另一个人的情绪，来应对自身无意识的、不被承认的情绪。

因此，当你陷入某个人的不成熟的关系系统里时，最好问问自己：这是谁的感受？如果你的情绪反应过于强烈，既奇怪又陌生，不像是你自己的，那么很有可能不成熟的人已经在你心里激起了某种情绪，让你去替他们处理。在与不成熟的人相处时，你可以通过问自己这个问题来理解自己的反应：这种情绪是我的还是他们的？退后一步询问这个问题是很重要的，因为一旦你能看清这种情绪的转移，就可以避免为这种情绪承担不属于你的责任。

不成熟的父母是如何变成那样的

不成熟的父母也有着问题很多的童年经历，包括虐待和情感匮乏。上几辈的人没有教养课程、心理治疗、学校心理咨询师以及保护儿童权利的文化规范。当时，体罚、精神虐待和羞辱是常见的惩戒手段。如果不成熟的父母在小时候遭受过忽视或创伤，他们就会过度关注当下的需求，就像在时刻查看自己从未愈合的伤口。以下是一些关于你父母成长的问题，供你参考。

他们在成长的过程中是否缺乏足够深刻的联结？不成熟的父母与得到过情感滋养的人不同，他们缺乏足够的情感深度，难以保持平静。在童年时期，与体贴的照料者的联结能给人们带来安全感和深深的自我接纳，而这正是他们所缺乏的东西。也许是因为他们在童年时缺乏联结，所以他们顽固地要求孩子给予他们绝对的忠诚与牺牲。他们的这种表现，就好像他们害怕自己是不重要的。

不成熟的父母在童年时缺乏安全型的依恋，他们在长大后心怀戒备，时刻对深层的感受保持警惕，无法与孩子建立温暖的联结。这导致孩子与他们只能建立肤浅的关系。他们可能会通过控制他人来弥补自己从未得到过的爱与安全感。

他们是否内化了未解决的家族创伤？我的许多来访者都有数代的家族创伤史，例如丧失、遗弃、情感匮乏、虐待、成瘾、财务危机、健康危机或者创伤性的搬家。不幸的是，家族创伤往往会在亲子之间遗传并重演（Van der Kolk，2014），造成一代又一代人的情感痛苦与不成熟，直到家族里的某个人终于挺身而出，终止这个循环，并有意识地化解自己的痛苦情绪（Wolynn，2016）。

环境是否允许他们发展自我感知？在上几辈人里，孩子会受到严格的管教，而且不能发表自己的意见。在这样的社会氛围里，很可能没有人帮助不成熟的父母培养足够的情绪觉察，进而体验到自我感知。

这个问题很严重，因为自我感知是我们认识自我的情感基础（Jung，1959；Kohut，1971；Schwartz，1995）。没有这种自我感知，我们就不会觉得自己是一个完整的、有价值的人，也不会真心感到自信，并且必须依靠外界来界定我们的自我认同。许多不成熟的父母会忽视或压抑自己的内在体验，以至于外部参照成了他们唯一的安全感来源。如果一个人没有真正的自我价值感和自我认同感，他就不得不从外界和他人那里获取这些东西。

　　培养自我感知也是自我觉察和自我反省的必要条件，它们让我们能够观察自己，观察我们的行为是如何影响他人的。如果人们在童年时没能发展出自我感知，他们就无法反省自己，也就无法在心理上成长和改变。相反，他们只会责备别人，期望别人先做出改变。

○○ 总结 ○○

　　现在你知道在与不成熟的父母相处时可能会遇到的问题了。你了解了情感不成熟的关系系统，以及这种关系系统是如何让你觉得应该为他们的自尊和情绪稳定负责的。你也看到了是他们自身的问题导致了单向的互动，以及他们会告诉你该有哪些想法和感受。我们探讨了不成熟的父母的童年是如何影响他们的性格和行为的，也探讨了你父母身上未被解决的家族创伤。现在，你处在了一个很有利的位置上，你能够质疑这种家庭内部的动力，应对他人的情感胁迫，让自己不断地成长进步。

第2章

不成熟的父母是如何控制你的

不成熟的父母会利用你的情绪，这是他们控制你的最有效的方式。他们对待你的方式会引起你的恐惧、羞耻、内疚或自我怀疑，他们就通过这样的方式来影响你的行为。

　　对不成熟的父母或任何不成熟的人来说，他们的生活方式与关系风格都是把自己放在最重要的位置上，这会让其他人觉得自己受到了忽视。但只要你了解了他们的人格特征，就不会把他们的拒绝当作针对你个人的了，你也不会因为他们的情感需求而产生压力。所以，在我们继续探讨之前，我们先来看看不成熟的父母的人格特征。

　　根据你的回忆，看看下面这些描述是否符合你的父母（Gibson，2015）。

（1）我的父母经常对不太重要的事情反应过度。

（2）我的父母不太在意我的感受，也不会对我的感受表达太多的同理心。

（3）当涉及深层感受或情感亲密时，我的父母好像很不舒服，不愿触及这些话题。

（4）我的父母经常被个体差异或观点差异激怒。

（5）在我小时候，父母经常对我吐露心声，但他们不肯听我的心里话。

（6）我的父母经常说一些或做一些不顾及他人感受的事情。

（7）除非我病得很重，否则我不会从父母那里得到太多的关注或同情。

（8）他们的表现往往前后不一致——有时很睿智，有时又不可理喻。

（9）我们的谈话主要集中在他们的关注点上。

（10）当我不高兴时，他们要么说一些肤浅而没有帮助的话，要么开始生气、冷嘲热讽。

（11）即使礼貌地反对也会让他们产生很强的抵触情绪。

（12）跟他们讲自己的成功是件很泄气的事情，因为在他们看来，我的成功无关紧要。

（13）我常常因为为他们做得不够，或者不够关心他们而感到内疚。

（14）事实和逻辑都敌不过他们的观点。

（15）我的父母不擅长自我反省，很少思考自己对问题负有的责任。

（16）他们的思维往往是非黑即白的，他们不接受新的理念。

所有这些行为都是典型的不成熟的人格特征，即使你的父母只符合上面几项描述，也很可能说明他们是情感不成熟的人。

不成熟的父母的类型

情感不成熟是一个范畴很广的类别，包含非常轻微的问题到非常明显的心理病理现象。情感不成熟并不意味着患有精神疾病，但许多精神病患者都是情感不成熟的。情感不成熟是一个比临床诊断更宽泛的概念，其病理色彩较少、适用范围更广。情感不成熟可能是许多精神问题的表现，特别是自恋型、表演型、边缘型、反社会型或偏执型人格障碍，等等。不成熟的人有一些共同点，那就是以自我为中心、低同理心、需要成为最重要的人、不尊重个体差异、难以应对情感上的亲密。

不成熟的父母既可能是外向的，也可能是内向的。外向型的不成熟的父母要求他人给予互动与关注，这使得他们的以自我为中心更容易被发现。内向型的不成熟的父母可能看起来不那么明显，但在内心深处，他们和那些吵吵闹闹的不成熟的父母一样以自我为中心。他们同样不怎么关心你的感受，也很少表现出同理心，你只能与他们建立单向的关系，关系的重心始终在他们身上，不过他们采用的方式较为隐秘。

现在，我们来看看不成熟的父母的四种基本类型（Gibson，2015）。

1. 情绪型父母（emotional parents）总是受自身情绪的支配，任何让他们感到意外或不快的事情都可能会激起他们强烈的反应，或者让他们情绪崩溃。他们的情绪非常不稳定，喜怒无常到了令人害怕的程度。在他们身上，很小的事情都可能变得像世界末日一样。他们要么把他人看作拯救者，要么把他人看作遗弃者，这取决于他们的愿望是否得到了满足。

2. 驱动型父母（driven parents）是目标非常明确的人，并且总是很忙。他们不断追求进步、专注于改进，试图让一切都变得完美，包括其他人。他们把家庭管理得像是临近截止日期的项目，但对孩子的情感需求漠不关心。

3. 被动型父母（passive parents）为人更友善，他们会让伴侣来做"坏人"。他们似乎很喜欢自己的孩子，但缺乏深层的同理心，遇到事情时也不会采取行动来保护孩子。虽然他们看上去很慈爱，但他们会默许更强势的伴侣的行为，即使伴侣虐待和忽视孩子，他们也视而不见。

4. 拒绝型父母（rejecting parents）对关系不感兴趣。他们会尽量避免互动，并且期待家人以他们的需求为中心，而不是关注他们的孩子。他们不能容忍他人的需求，想要别人都离他们远远的，好让他们能去做自己的事。他们很少理会别人，如果事情不按照他们的意愿发展，他们就会非常生气，甚至辱骂他人。

接下来，我们要学习如何识别这些标志着情感不成熟的人格特征。

他们如何表现自己的不成熟

除了我们在第 1 章中见过的那些关系问题，不成熟的父母还有一些特殊的心理特征。现在，我们要探讨这些人格特征和行为，这些特征和行为是不成熟的父母（以及一般的不成熟的人）的典型表现。

不成熟的父母如何对待生活

对于生活，不成熟的父母有一种非常以自我为中心的倾向，在与他人打交道时，他们会把自己放在首位。

从根本上讲，不成熟的父母既感到害怕又缺乏安全感

正如我们在第 1 章所见，许多不成熟的父母在童年时都经历过情感匮乏、虐待或创伤。在内心深处，他们没有感到真正被爱，因此他们害怕失去地位，变得不再重要。对被抛弃的焦虑以及对羞耻和缺乏价值的恐惧加剧了他们的不适感。因为他们非常害怕没人爱自己，所以他们必须控制别人，才能感到安全。

他们需要支配与控制

情绪型、驱动型和拒绝型的不成熟的父母会试图控制他人，而被动型的不成熟的父母会附和自己的更强势的伴侣。所有这些类型的父母都会尽其所能地给自己一种安全的感觉。

不成熟的父母会利用你的情绪，这是他们控制你的最有效的方式。他们对待你的方式会引起你的恐惧、羞耻、内疚或自我怀疑，他们就通过这样的方式来影响你的行为。一旦不成熟的父母引起了你的这些消极情绪反应，有问题的人就成了你，而不是他们。一旦你成了"坏人"，他们的感觉就会好起来，但这只能起到暂时的效果，因为没有什么能让他们长时间地感到安全。

为了让自己的控制显得理直气壮，他们会认为别人能力不足、缺乏判断力，这样他们就有权告诉你该做什么，该有何感受。这种过度的控制，对孩子的效能感和自信心是尤其有害的。如果孩子不听他们的意见，不成熟的父母就会对孩子的未来做出可怕的预测，以此来控制孩子。

由于不成熟的父母关注控制权，因此他们对于更加成熟的人缺乏真正的温情。他们可能表现得很温暖，但你感觉他们像是在演戏。不成熟的人没有真正的温暖与坦率，他们只能借助于诱惑与魅力。他们关注的是如何支配他人，而不是人际联结。

他们通过角色来定义自己和他人

角色对不成熟的父母的安全感和自我认同来说是至关重要的。因此，他们希望他人一直扮演分工明确的角色。在他们眼中，所有人都应该被分配到支配型或顺从型的角色里，因为平等的关系让他们感到不安，让他们不知道谁才是真正的主人。

不成熟的父母经常利用自己的父母角色来随意践踏你的边界。他们通过这种方式来让你处在一个让他们感到舒服的位置上。他们可能不允许你有与你家庭角色不符的个性。

他们不会反省，以自我为中心

不成熟的父母会把自己的欲求放在第一位。他们觉得自己有权利得到自己想要的东西，他们很少客观地看待自己。因为他们很少反思自己的内心世界，所以他们很少质疑自己的动机或反应。比如，他们很少怀疑自己是否自讨苦吃。

个人成长是他们无法理解的概念，他们常常对此嗤之以鼻。因为缺乏自我反省，所以他们对于了解自己或改善人际关系不感兴趣，他们只在乎如何得到更多自己想要的东西。总而言之，对他们而言，成长是一种威胁，因为那意味着不可预测的改变和更多的不安全感。

因为不成熟的父母缺乏反省的能力，所以他们往往口无遮拦，说话不假思索。他们的不当言论往往让人感到震惊。如果有人质疑他们的冷漠，他们可能会说"我只是在说我的想法"，就好像大声说出自己所有的想法是正常的行为一样。

他们会指责他人，为自己开脱

许多不成熟的父母都疑虑重重，认为全世界都在与他们作对。在他们看来，别人总是无缘无故地让他们不高兴。这种不信任使他们在事情出错的时候责备他人，让他们的人际关系总是不稳定、冲突不断。他们总是逃避责任，因为他们脆弱的自尊无法承受批评。他们的自尊建立在事情是否如愿之上，如果一切顺利，他们就会得意忘形，如果事情不如意，他们就会陷入绝望。

他们行事冲动，无法忍受压力

不成熟的父母很难应对压力。他们无法等待，经常不耐烦地催促孩子和他人。他们对压力的容忍度很低，以至于每当人生遇到坎坷时，他们就会觉得一切都完了。他们不知道如何安抚自己，只知道尽快让问题消失。他们总是迫不及待地抓住任何能让他们感觉更好的救命稻草。这样做有时管用，有时没用。他们想出的解决办法往往会让事情变得更糟。他们行事冲动是众所周知的，而且他们得到的结果往往适得其反。他们总是试图逃避压力，却往往导致了更多的压力。

不成熟的父母如何面对现实

不成熟的父母会试图改造现实，而不是适应现实。尽管现实世界生机勃勃、纷繁复杂，总是给人带来不断变化的刺激，但不成熟的人总是把现实世界看作一个个线性的部分，因为只有这样他们才能理解并掌控现实，他们依靠这种过度简化的方式来应对现实世界。

他们使用应对机制来抵制现实

乔治·瓦利恩特是一位研究者，他因为参与"哈佛大学成人发展研究"长达 30 年之久而闻名（Vaillant，1977）。这项研究用了数十年的时间追踪男性的生活，旨在发现与健康、生活成功和幸福相关的因素。瓦利恩特开发了一份量表，用于评估个体是否能成功地应对和适应生活，这是情感成熟度的一个指标。瓦利恩特的结论是，只有我们能够意识到自己的感受和动机，并且客观地评估现实，我们才能最好地适应生活。

适应性强、情感成熟的人拥有平衡的生活，也拥有能够满足情感需求的人际关系。他们能够自如地与自己和他人的内在体验产生共鸣。他们会如实地接纳现实、适应现实，而不是与之对抗。他们的应对机制很灵活，他们会寻找最具适应性、压力最小的问题解决方案，并且会将所有因素都考虑在内，而不是试图严格控制所有的人和事。为了渡过难关，他们可能会利用幽默和创造力，有意抑制无益的想法并且帮助他人。

相反，情感不成熟的人会试图通过否认、忽视或歪曲他们不喜欢的事实来改变现实。如果一个人总是采用最低级的、适应不良的应对机制，他就可能会与客观现实失去联系，变成精神病患者。

有些不成熟的人能较为实际地对待客观现实，但他们依然无法应对自己的情绪。他们会使用诸如合理化（rationalizing）、理智化（intellectualizing）和最小化（minimizing）的防御机制来回避不愉快的情绪或与不愉快的情绪保持距离。即使他们对事实的认知能力可能是完好无损的，他们可能也会放纵自己，通过药物滥用或其他行为来逃避痛苦的感受。

现实是由他们的情绪决定的

因为不成熟的人主要在情绪的层面上理解生活而非加以思索（Bowen，1985），所以他们会根据自己的感受来定义现实。这种认为现实与自己此时的感受一致的现象叫作情感现实主义（affective realism）（Barrett，2017；Clore & Huntsinger，2007）。我们都有这样的体验，当我们感觉好的时候，一切看上去都很美好，但不成熟的人太过极端了——他们认为现实给他们的感受就是现实本身。

例如，达西的母亲过去常常对一些根本不真实的事情发表看法，而她之所以这么做仅仅是因为她想起了这些事。达西不明白为什么这些事会激怒母亲，后来她意识到，这是她母亲病态的以自我为中心的典型表现：每件事、每个人都应该是她所想象的那样。

他们否认和忽视他人真实的感受

不成熟的父母非常敏感，但他们往往对他人的感受很迟钝。由于他们缺乏同理心，因此他们经常做出不考虑他人感受或伤害他人的回应。与他人缺乏情感共鸣会降低他们的情商（Goleman，1995），使他们更难与人相处。

强烈的情绪让他们把现实看得过于简单

不成熟的人拥有强烈的、非黑即白的情绪，就像小孩子不受约束的情绪一样。他们会把人和事过度简化，把它们归为"全好"或"全坏"的类别。由于他们非黑即白的思维方式使他们无法在同一时间体验到矛盾的情绪，因此他们的情绪很难缓和、恢复平衡。这是一个严重的问题，因为人们需要混合的、微妙的情绪才能感知更丰富、更真实的多面世界。情感成熟能让你同时体验多种混合的情绪，例如悲伤但心存感激，或者生气但小心谨慎。只有借助我们自身的情绪复杂性，我们才能理解他人更为微妙的情绪以及现实的全部内涵。

他们无视现实的时间顺序

理解生活事件如何按照时间顺序联系在一起，对理解因果关系来说是至关重要的。然而，不成熟的人活在即刻、当下的情绪里，他们可能会忽视随着时间流逝而显现出的因果关系。不成熟的人不会将现实视作一个时间轴，而是将事件看作彼此孤立、互不相关的点。这使得他们很难预测未来或从错误中学习经验教训。由于忽视现实的时间顺序，因此他们的言谈举止常令人惊愕，因为他们觉得没必要与自己过去的言行保持逻辑上的一致。比如，他们可能会毫无负担地忘记他们最近的所作所为有多不受欢迎。当他们准备好再次与他人交往的时候，他们不明白为什么一切不能恢复正常。

他们不会分析自己的错误，相反，他们会认为当时是当时，现在是现在。他们熟稔"放下"和"继续前行"的哲学，他们对过往经验教训的无视是出了名的。他们不会把生活中的点点滴滴串联起来，他们看不见自己生活的整体轨迹。因此，在重蹈覆辙的时候，他们毫无意识，也无法引导自己走向一个不同的未来。

对他们来说，未来不在他们的考虑范围之内，所以他们会肆意欺骗他人、与人一刀两断或者随意树敌。他们在寻求即时满足的过程中往往不顾未来，经常招致意料之中的不良后果。

缺乏对时间顺序的意识也导致他们觉得撒谎是解决问题的合理方法。他们似乎从未意识到过去的行为或谎言可能会让他们付出代价。他们可能会通过捏造事实来让自己摆脱困境，却没有意识到别人会因为他们过去的谎言而怀疑他们。

要让不成熟的人为过去的行为负责，可能会让人深感绝望。他们的记忆与此时此刻缺乏有意义的联系，他们不明白为何过去的事情会变成现在的问题。过去的事情已经过去了，你们为什么不能像我一样放下过去呢？他们不理解因果的持续性，在涉及别人的感受时更是如此。

不成熟的人的思维方式

乔治·瓦利恩特在他上述的研究中指出，应对方式的成熟度并不取决于一个人的受教育水平或者社会地位（Vaillant，1977）。情感成熟度是一个比智力或传统的成功更为深刻的概念。不成熟的人会表现出一系列思维特征，尤其是人际关系和情绪方面的思维特征。

他们的智慧并没有延伸到情感的世界

情感的不成熟并不会影响一个人的智力。在没有让人不安的情绪的情境中，不成熟的人可能是非常聪明的。有些不成熟的人可能非常聪明，熟知理论和概念，能很好地处理抽象概念和商业模型。只要问题是基于认知和数据的，那就是安全的，这样一来，他们就可以解决关于过去和未来的问题，比如预算、报表分析、退休计划。可是，一旦涉及唤起情绪的情境，如关系、诱惑或者微妙的共情（如体贴和知分寸），他们就不再关注因果关系了。

他们对生活的看法是过于简单、死板、僵化的

对不成熟的人来说，他们不成熟的人格结构会导致过度简化、非黑即白的思维，以及僵化的"全好"或"全坏"的道德分

类（Kernberg，1985）。微妙或模棱两可的复杂情境会被他们归结为简单的判断，这种判断忽视了许多关键的因素。他们的想法往往只停留在字面的意义上，他们只以他们喜欢的概念和老生常谈的比喻作为思维基础。因为他们不喜欢不断变化的现实所带来的不确定性，所以他们以非理性的坚持捍卫着自己熟悉的东西。因为他们厌恶事实的复杂性，所以为了验证他们先入为主的结论，他们会罔顾事实。

有时人们会把不成熟的人对事实的过度简化误解为智慧。不成熟的人往往会发表果断且朗朗上口的声明。由于他们以自我为中心，因此他们在发表这些声明的时候显得很有权威。但是，如果你仔细审视他们所说的话，就会发现他们陈腐的观点并没有什么新意。这与一个成熟的人的智慧是不同的，成熟的人所说的话会滋养你的心灵，你越是思考他们的话，就越受益良多。

不成熟的人的内心世界是僵化的，这使得他们崇尚规则，持有专制的价值观。因为他们非常喜欢控制的感觉，所以他们会为了有一个规则而随意地制定规则。他们会固执地遵守规则，即使在情况复杂，僵化的规则完全违背常理的情况下也是如此。

不成熟的人以自我为中心，这意味着他们也会为了自己的利益而打破自己制定的规则。这就是为什么有些不成熟的人能够在一个原本受规则约束的文化中做出骇人听闻的恶行：如果没有对某种行为的明文规定，他们就可能会这么做。不成熟的人经常做出一些糟糕的事情，这些事情甚至糟糕到没有人会想到要制定明确的规则来禁止。

当情境愈发复杂和有压力时，不成熟的人会变得越来越顽固和不知变通。他们一根筋的思维方式让他们无法考虑个体差异或意料之外的后果。他们以自己的"不屈"为荣，他们把自己僵化的判断能力称作"刚正不阿"或者"有骨气"。

弗里达的故事

在得知弗里达和一位外族的男士订婚了时，她那不成熟的父亲大发雷霆。因为弗里达违背了父亲的规定，所以父亲完全不肯从她的角度来看待这件事。当他发现自己无法胁迫弗里达改变想法时，他与弗里达断绝了关系。弗里达离开以后，她觉得自己像个孤家寡人，因为父亲不允许任何人接纳她。

他们会钻牛角尖

就像弗里达的父亲一样，当不成熟的人感到受伤、尴尬，或者他们的权威仿佛遭到藐视时，他们就会陷入强迫性愤怒中。他们认为这个世界是由好人和坏人组成的，只要他们觉得有任何人冤枉了他们，他们就会在这件事上纠结许久。他们缺乏从另一角度看问题的思维灵活性和情感意愿。

他们用肤浅的逻辑来抑制情绪

不成熟的人不会与他人共情，而是会不恰当地运用逻辑来淡化他人的问题。一旦他们自己遇到了问题，他们就会非常沮丧，但他们会过度简化你的问题，忽视深层的情绪因素。他们通常会说一些陈词滥调，不会考虑你的独特困境。在他们看来，听了他们过度简化和理智的建议后，你所有的问题都应该迎刃而解。当你需要同理心的时候，纯粹的逻辑是一种不恰当的情感反应。

当孩子来寻求安慰时，不成熟的父母经常使用不恰当的逻辑来解释为什么孩子不应该让事情影响自己的心情。这些父母喜欢建议孩子对伤害他们的人说一些机灵的话（是吗，你应该跟他说……）。他们会告诉孩子不要难过，要从伤痛中走出来，不要再为之担心。当然，这是不可能的。孩子真正需要的，是一个有同理心的父亲或母亲认真倾听他们的烦恼，帮助他们消化痛苦，直到他们能自己应对这类问题。

当孩子犯错时，不成熟的父母也会不恰当地运用逻辑，让孩子觉得自己好像在一开始就该避免犯错。他们宣扬的是一种不切实际的逻辑：如果每个人都想得足够长远，他们就永远都不会犯错。对这些孩子来说，他们不仅会为犯错感到难过，而且会为自己不够好而感到自卑。

现在，你对不成熟的父母的人格特征和行为有了很好的了解，接下来我们来看看他们为了控制你，是如何让你感觉糟糕的。他们会利用你的情绪来对付你，让你觉得自己有责任维护他们情绪的安全、稳定和他们的自尊。以下是他们通过情感胁迫来控制你的方式。

情感胁迫与控制策略

当不成熟的人通过恐惧、内疚、羞耻和自我怀疑来控制你的时候，情感胁迫就发生了。我知道，人们常说没人能强迫你有任何感受，但对我们大多数人来说，事实并非如此。事实上，在让你产生感受并且为其所用方面，不成熟的人是个中高手。强有力的成年人受到孩子的依赖，他们当然能让孩子产生各种感受。在我们成年以后，一旦人与人之间的权力失去了平衡，同样的事情就会再次发生。所以，现实的目标不是假装你能免受他们的影响，而是及早发现，并且迅速地让自己从他们试图对你施加的控制中解脱出来。

当你善于发现和拒绝情感控制时，你可能就不会让任何人轻易地激起你的情绪。现在，我们要先努力摆脱情感胁迫。

接下来，我们来看看不成熟的人是如何给你带来不良的情绪，如何让你心甘情愿做出让步、服从控制的。

自我怀疑削弱你的自主性与自我价值

对不成熟的父母来说，如果你表达了他们不喜欢的想法或感受，他们就会通过收回情感联结来惩罚你。这种对疏离的恐惧使你怀疑自己，对自己的想法和感受产生不确定的感觉。

一旦你开始怀疑自己，你就会寻求他人的指引，相信别人的观点，而不信任自己的看法。这个时候，得到父母的接纳就成了你唯一关心的事情，你会因此忘记自己真实的想法和感受。相互矛盾的感受会让你失去自信，忘记自己的本能与直觉。你会发现，自我怀疑能带来父母的接纳，而独立自主会导致关系的紧张。如果你想得到不成熟的父母的接纳与爱，就最好不要太过自信。

当你怀疑自己的直觉时，你就会失去清晰的头脑。你的思维会被自我怀疑以及对拒绝的恐惧所笼罩。面对他们的胁迫策略，你会越来越难以清晰地思考。

我们往往会屈服于情感胁迫，因为要讨厌父母对待我们的方式实在是太痛苦了。但是，讨厌只是一个信号，说明我们受到了控制，没有人喜欢使别人让自己感到内疚，也没有人喜欢让自己受别人情绪的控制。你会不可避免地产生一些情绪反应，而这些情绪反应会让你担心自己做得不够好或者不够爱父母。

恐惧让你更容易受到控制

对不成熟的人来说，也许恐惧是最简单、最直接的情感控制策略，他们利用恐惧让你进入一种易受摆布的心理状态。说到灌输恐惧、让你感到不安全，不成熟的人堪称天才。不论是暴怒还是情绪崩溃，不成熟的人凭本能就知道运用哪种方法来恐吓你，迫使你做出他们想要的行为。一旦你感到害怕，你就更愿意把他们放在第一位了。

身体虐待是最终极的恐惧策略。身体上的恐惧是根深蒂固的，必须有意识地克服这种恐惧，才能消除它的影响。收回情感、抛弃以及自杀的威胁也会造成同样严重的伤害。

你压抑了自己的感受

一开始你可能只是害怕不成熟的父母的反应，但很快你可能会开始害怕自己的感受。你会逐渐把你的自然反应视为有问题的，因为这些反应正是你与不成熟的人发生冲突的原因，而这种原因原本是可以避免的。可悲的是，一旦你产生了父母不喜欢的感受，你就会开始感到焦虑（Ezriel，1952）。一旦你把自己的感受贴上了"危险"的标签，你就会赶在不成熟的父母做出反应之前压抑自己的感受。这种自我压抑表明你已经受到了他们的情感掌控。你不再需要外部的威胁就能压抑自己了。你知道那样会发生什么，所以你会回避那种情况。

你经常感到内疚

内疚应该是一个促使你做出改变的短暂信号，而不是一个长期存在的问题。内疚存在的健康目的是促使我们道歉，以便与他人保持良好的关系。内疚应该鼓励你道歉，而不是让你讨厌自己。健康的内疚能帮助我们从错误中学习，做出弥补，尽量不再犯相同的错误。

不成熟的父母利用了内疚潜在的强迫特性，他们让孩子觉得自己很糟糕，觉得自己需要把一切都做到十全十美。对于这样的孩子，父母没有教过他们在犯错的时候可以原谅自己，他们也不知道可以通过负起责任与做出弥补来消除内疚。不成熟的人想要你感到内疚，因为那样你就能更关注他们的需求，默许他们的索取。

不成熟的父母尤其会让孩子觉得他们没有为父母做出足够的牺牲，从而让他们感到内疚，而且，当他们的生活比父母更幸福时，他们也会感到某种幸存者内疚。

内疚并不是要你牺牲自己。不成熟的父母往往索要过多，超过了你能付出的限度。如果你敢说不，他们就会认为你不是真心爱他们。作为不成熟的父母的成年子女，你可能会觉得做个好人的唯一方法就是自我牺牲。

吉娜的故事

有一天，吉娜年迈的父母告诉她，他们打算搬到离她更近的地方，这样吉娜就能照顾他们，使他们安享晚年。吉娜有些惊慌失措。她与父母的关系从来都不亲近，而且父母是几乎无法取悦的人。吉娜是家里的长女，对家里的每个人来说，她一直承担着母亲的职责。吉娜正在从乳腺癌中康复，作为一个有着三个青春期儿子的单身母亲，她已经感到不堪重负了。她无法想象同时照顾她的父母会是什么样子。吉娜觉得，再去照顾以自我为中心的父母，可能是压死自己的最后一根稻草。虽然她很想对父母说不，但她觉得太内疚而说不出口。她问我："难道我对父母不负有义务吗？"

　　我的回答很坚决：不。虽然父母希望吉娜来照顾他们，但吉娜没有义务忽视自己的处境，给予父母他们想要的任何东西。吉娜不能仅仅因为父母更想让她来照顾他们，就放弃自己的心理和身体健康。吉娜的父母在经济上很有保障，而且他们有两个离他们更近的孩子可以求助，他们还有一群能够支持他们的朋友。实际上，吉娜可以不带内疚地拒绝父母的要求，但她依然感到困扰，觉得自己负有义务。

　　吉娜的父母从来没想过自己的要求会给吉娜带来多大的困难。他们从来没问过吉娜对搬家的想法，他们只是通知吉娜他们要搬来了。吉娜有理由担心，如果她敢对不成熟的父母说不，他们可能会指责吉娜不爱他们。但这是一个错误的结论：设置边界并不意味着你不爱某人。这只意味着你也有权考虑自己。

　　幸运的是，吉娜意识到发生了什么，她也知道，就算自己不愿意为了迎合父母的一时冲动而牺牲自己的身体健康，她也不会因此变成坏人。最后，吉娜拒绝了他们，父母在经历了一段时间的伤心和愤怒的冷战之后，决定搬到她妹妹那边。

　　有时，成年的孩子在与不成熟的父母相处时会感到内疚，而这仅仅是因为他们的生活变得更好了。如果你不成熟的父母过得不好，你就可能会感到幸存者内疚（在与别人相比时，对自己的好运气感到内疚）。不成熟的父母通常在工作和人际关系中存在诸多问题。引发幸存者内疚的不成熟的父母可能有抑郁、精神疾病、成瘾或成年生活状况不佳等问题。如果你过上了比他们更幸福的生活，你就可能会为自己的成功感到内疚。

内疚是一种很容易用语言表达的意识体验。你可以说出自己为什么感到内疚，列举理由、描述感受。内疚是很常见的，也很容易被表达出来。有时我们以为自己感到了内疚，但其实我们真正体验到的是羞耻感。

羞耻感让你变得容易被控制

羞耻感源自被人拒绝的感受（DeYoung，2015）。羞耻感要比单纯的尴尬深刻得多，羞耻感意味着你在怀疑自己是不是一个善良的人。羞耻感是一种强大的、本能的感受，它不仅表明你做错了事，还说明你这个人有问题。羞耻感是难以忍受的，所以任何感到羞耻的危险都会迫使你去做不成熟的人想要你做的任何事。这种觉得自己不值得被爱、被接纳的感受可能会导致杰里·杜文斯基（Duvinsky，2017）所说的核心羞耻感认同（core shame identity），这是一种每时每刻都存在的无价值感，它让你忽视自己所有的积极品质。

羞辱可能会让你不再信任自己的想法和感受。不成熟的父母可能会用各种语言来羞辱你，如"你疯了吗？你脑子坏掉了吗""你怎么敢这样""想都别想""你不应该有那样的感觉""我这辈子从来没听说过这种事"。孩子会从这样的反应中得出结论：我身上肯定有一些严重的问题。通过让孩子感到羞耻，不成熟的父母教会了他们在成年后的人际关系中屈服于他人的情感支配。

如果不成熟的人说你自私，你就很可能会感到羞耻。对一个敏感的人来说，没有比说他不关心别人更伤人的指责了。对于那些敏感的孩子，不成熟的父母很容易通过给他们贴上"自私"的标签来控制他们。但是，不成熟的人所说的自私，仅仅是指你停下来思考自己的需求，而不是自动地屈服于他们的要求。

为自己的需求感到羞耻

孩子的依赖往往会让以自我为中心的不成熟的父母感到恼怒。不成熟的父母只关注自己的问题，他们的脾气可能很暴躁，对于孩子提出的需求，他们的反应就像是孩子做错了事一样。这样的父母会让孩子为自己的需求感到内疚，因为他们的需求让父母的生活更加艰难了。如果你小时候受到过这样的对待，你可能仍然会为自己的问题或者自己需要帮助而感到羞愧。

羞耻感，一种毁灭性的感觉

帕特里夏·德扬描述了如果一个人在我们最需要情感联结的时候拒绝我们，会对我们产生怎样的毁灭性打击（DeYoung，2015）。在请求安慰或联结的时候遭到拒绝是一种难以忍受的羞耻。当孩子想尽办法也无法与父母产生联结时，他们会感到绝望，觉得自己好像是这个世界上最孤独的人。德扬解释说，当孩子觉得自己不重要的时候，他们脆弱的人格结构就像在瓦解一样——这种体验就像死亡。难怪缺乏回应的感觉就像世界末日来了一样。

在我的工作经历中，我与许多不成熟的父母的成年孩子接触过，他们当中有许多人都记得，在他们最需要帮助的时候，父母拒绝与他们产生情感联结，那种深刻的、毁灭性的羞耻感在他们心中挥之不去。他们把这种可怕的感觉描述为"坠入黑暗""绕着黑洞转圈""在外太空漂浮""坠入深渊"或"死亡"。当一个冷漠的人看到你的需求，却不对你做出回应时，这就好像你不再存在一样，这就是心理崩溃的感觉（DeYoung，2015）。这种经历太过痛苦，所以人们常会试图把这些记忆赶走，尽量不去回想。

这种无能为力的痛苦会迫使孩子去做一些事，任何事都行，只要能让父母看到自己、做出回应就行。这就是为什么小孩子经常会为了一些看似无关紧要的事情而情绪崩溃。当他们的主观感受不被父母承认或理解的时候（Stern，2004），他们的内在世界就会分崩离析，他们会觉得白己落入了虚空之中。如果无法与父母建立支持性的依恋关系，孩子就无法保持正常的状态（Wallin，2007）。

我们不承认羞耻感是一种情绪

对羞耻感的恐惧控制着我们的童年，因为没有人教我们它只是一种情绪。我们没有意识到自己遭受了恶劣的对待，相反，我们认为自己之所以感到羞耻是因为我们不好（Duvinsky，2017）。正如一位来访者在顿悟时所说："我相信自己毫无价值，因为那是我的感觉。"羞耻的感觉就像事实一样，因为那是一种非常强烈的情绪体验。如果父母能帮助孩子认识到羞耻只是一种情绪，并给它贴上"情绪"的标签，孩子就不会在长大后还有那

种强烈的自我谴责了。但是，不成熟的父母自身就有许多隐藏的
羞耻感，他们无法帮助孩子理解何谓羞耻感。

拯救羞愧又害怕的自己

　　羞耻感和无价值感源自对不重要和被遗弃的恐惧。为了
对抗羞耻感，杰里·杜文斯基建议你把对被羞辱的恐惧写下
来，把它们原原本本地暴露出来，从而放松羞耻感对你的控制
（Duvinsky，2017）。我自己的方法是让担忧、焦虑的来访者写
下他们能想到的最尴尬的事情。当你意识到自己最害怕的羞耻感
是什么之后，就一直问自己"然后呢"，让这种恐惧更强烈一些，
一直问到你说出了羞耻到极点的、最糟糕的情况为止。然后，坐
在那儿和羞耻感相处一会儿，留意并没有什么不好的事情发生，
那只是一种感受。

　　接下来，说出伴随羞耻状态而来的、关于你自己的可怕故
事。这种羞耻感给你带来了怎样的自我意象？与其认为这就是世
界末日，你能否因为自己被迫感觉很糟糕而给自己一些关怀？现
在，想象你正在拯救这个羞愧的内在自我，给它需要的安慰和接
纳，这样它对自己的感觉就会好起来。

　　当你意识到认为自己不好的感受源于童年早期的情感排斥
时，你就会对自己另眼相看。你会理解那种不被爱的感觉可能是

由于父母缺乏表达亲密情感的能力，而不是你的重大缺陷。你对情感联结的需求是正常的，这种需求既不讨厌，也不是不可爱，对一个足够成熟的父母来说，这也不是无法承受的。

同辈与成年人之间难以捉摸的羞辱行为

人们经常使用难以捉摸的羞辱行为来表明自己的社会支配地位。这种社会行为可能是非常难以捉摸的，比如不理会你的提议，忽视你的顾虑或者暗示你你是个麻烦。这种微妙的羞辱行为通常很难被发觉，因为这些行为并不是特别粗鲁，也没有明显地贬低你。你可能会在之后的很长一段时间里都在想这些事情，却不知道自己为什么感觉如此糟糕。但是，只要你能看见这些难以捉摸的羞辱行为的本质，你就会立即感觉好些。你会看到正在发生的事情，不再屈从于自卑的感受，不再满足不成熟的人的自尊需求。

（练）（习）

反思你被控制的经历

在日记中写下曾经受到父母或其他不成熟的人的情感胁迫的经历。你还记得他们用恐惧、内疚或自我怀疑等方式，迫使你做他们想要你做的事吗？哪种控制方式对你最有效？你最容易受到哪种情感胁迫的控制？当有人为了自己的利益而试图让你感觉不好时，你有哪些身体感觉？思考之后，请写下你准备在未来如何发现情感胁迫，并防止自己受到控制。

○ ○　**总　结**　○ ○

　　在本章中，你评估了自己的父母在多大程度上是不成熟的，并且了解了不同类型的不成熟的父母以及不成熟的人的基本人格特征。你也了解了他们自我关注的生活方式，了解了他们怎样抵制现实以及他们独特的时间概念。你看到了不成熟的父母是如何利用自我怀疑、恐惧、内疚和羞耻感来迫使你支撑他们的自尊、维护他们的情绪稳定及安全感的。这些情感控制方式会巩固他们的支配地位，削弱你的自信——前提是你不知道他们在做什么。

第3章

为什么你渴望亲近父母，却常常失望

不成熟的父母压抑了许多对于联结的深层需求，他们不明白你为什么要"瞎折腾"。他们可能不明白为什么这对你如此重要，因为他们没有意识到亲子关系对于孩子的安全感和自尊有多重要。

即使你的父母是不成熟的，你也可能依然渴望与他们建立更加亲密的关系。你可能一直都会希望他们更加关心你的生活。最重要的是，你可能仍然希望有一天他们能回应你的爱，让你觉得自己终于被他们看见了。也许你曾梦想能找到接近他们的方法，也许只要你能找到恰当的契机，具备足够的技能，就能如愿以偿。即便已经长大成人，你可能依然希望找到一种方法能与他们建立情感联结。

不幸的是，不成熟的父母的人格防御和恐惧让他们几乎不能长时间地忍受亲密的关系。在这一章中，我们将探讨，为什么你希望与不成熟的父母建立更好的关系，却常常感到失望和孤独。

你所渴望的关系体验

作为不成熟的父母的成年子女，你可能在童年时没有得到足够的情感联结、亲密沟通或父母的认可——所有这一切都能让你感到父母的爱。你不成熟的父母可能会嘲笑你"没有感受到爱"的想法。如果你说他们不爱你，他们也会和你一样困惑。他们当然爱你，你是他们的孩子。他们不知道自己哪种对待你的方式让你有了这样的感受。

想要感受不成熟的父母的爱，就像试图通过欣赏照片来感受山峰的伟岸。你可以看到山峰的颜色和形状，但你感觉不到凛冽的空气及充盈在天地间的空旷和宏伟，也听不到树叶沙沙作响的声音。就像看照片一样，你能看到自己的父母，但是他们无法给你带来情感感受。这就像在试图与他们镜子里的影像交流，而不是面对面地沟通。你无法确切地说清楚这种感觉，但你知道自己并没有与他们建立直接的联结。

现在，我们来进一步探索你对不成熟的父母的念想与渴望。

你渴望他们能了解你

我们知道孩子需要被关注和关爱，但父母如何才能做到这一点呢？这需要的不仅仅是看和听。父母在心理上必须积极地参与互动。父母可以直视着孩子，并且复述出孩子说的每一句话，但如果父母不够敏感，无法想象孩子的内心状态（Fonagy et al.，2004），孩子就不会感到联结。重要的不是父母说了什么，而是父母如何对孩子独特的主观体验表示关注（Stern，2004）。当父母的内在自我与孩子的内心世界协调一致时，孩子就会感到被看见、被了解、被爱。

看看小孩子和父母在一起的场景，你就会发现孩子有多少次看向父母，寻求眼神交流和有意义的互动（Campbell，1977）。这不仅仅是在寻求关注，孩子会从这些与父母联结的瞬间里获得情感上的给养（Mahler & Pine，1975）。孩子需要父母的情感投入和关爱，才能成长得更坚强、更有安全感，最终变得更加独立。难怪父母的爱如此重要。

成年之后，你之所以渴望与不成熟的父母建立更好的关系，在一定程度上是因为你的这个内在小孩依然在期待被父母看见、得到回应。不幸的是，你在试图与不成熟的父母建立联结时，常常会遭到他们深层的拒绝。不成熟的父母对于深层情绪有着焦虑性的回避——他们有情感恐惧症（McCullough et al., 2003），所以他们想要摆脱这样的亲密联结。

你想要更好地与他们沟通

长大以后，你可能已经学会了良好的沟通技巧，并且知道这些技巧对于令人满意的人际关系有多重要。也许你学会了在遇到问题时直言不讳，并试着与对方直接沟通以解决问题。你可能已经在与父母沟通时尝试过这些新技能。你可能会发现，虽然有效沟通对于良好的人际关系至关重要，但它只在对方愿意参与沟通的情况下才有效。

情感交流让不成熟的父母感到不适。他们不擅长应对他人的感受，也不知道该说什么。当孩子难过的时候，不成熟的父母不能用共情的态度倾听孩子，也不能用关爱来安抚孩子，相反，他们经常试图用零食或某些活动来安慰孩子。即使在孩子长大成人后，想要与这样的父母进行情感交流也不会变得更容易。

也许你只是想和他们谈谈心，或者谈谈如何改善你们的关系。你可能以为自己是真心实意地想要亲近他们，但他们可能觉得自己深深地陷入了泥沼。

我们先从不成熟的父母的视角来看看你对谈话的请求。也许在他们还小的时候，有人想和他们谈话就意味着他们有麻烦了。告诉他们你想和他们谈谈，可能会让他们担心自己会因为某些原因而受到指责，这增强了他们的戒备心。因此，我们最好先请他们给我们一些时间进行较为深入的对话，比如 5 ～ 10 分钟，只问一些具体的问题，或者每次只分享一两种感受。如果你在一开始就和他们进行简短的、结构性的对话，那么他们后来可能会愿意回答更加开放性的问题。

你的沟通是否顺利

请回想一段你试图让父母倾听你、和你进行深度交流的记忆。他们有何反应？向他们敞开心扉之后，你有什么感觉？把这段记忆写在你的日记里。如果他们的反应没能让你得到情感的满足，那么根据你现在的了解，你是否认为问题可能出在他们难以在更深的层面上建立联结？写下你的结论。

你渴望得到他们的表扬和认可

许多不成熟的父母的成年子女都希望成就与成功能够成为获得父母更多关注的法宝。即使这些成年子女创造了属于自己的成功生活，他们也依然会寻求父母的认可。

我们当中的一些人，可能会用完美主义和追求成功来试图从父母那里赢得对我们来说最重要的认可与表扬。为此，我们可能会选择父母青睐的职业，或者选择那些看上去完全符合父母要求的结婚对象。但是，想从只关注自我的父母那里得到赞扬是很难的。他们对孩子的成就不那么感兴趣，除非这些成就能让他们有吹牛的资本。我的许多来访者都表示，让他们感到惊讶的是，他们的父母都曾在朋友面前吹嘘过他们，但从没有直接对他们说过自己有多为他们感到自豪。这可能有些令人困惑，但这是合情合理的，因为向别人吹牛可以让不成熟的父母与你在情感上保持距离，且同时把你的成就当作他们社会交往的资本。对他们来说，与看着你的眼睛告诉你他们有多高兴相比，这样做在情感上要安全得多。不成熟的父母觉得，这种直接的、亲密的赞美是令人非常不舒服的。

阻碍联结的不成熟行为

以下是五种常见的不成熟行为，这些行为使我们很难与不成熟的父母建立亲密的关系。

他们不关注我们

不成熟的父母通常对孩子的生活缺乏关注。由于他们缺乏同理心，并且过度关注自己的问题，因此除了对他们来说最紧迫、最重要的事情，他们很少关注其他事情。这些父母在谈论自己的兴趣时可能会兴高采烈，但当孩子分享生活中的事情时，他们却表现得漠不关心、心不在焉。

布伦达的故事

布伦达的父亲本是个沉默寡言的人，他居住在新英格兰地区。在布伦达 15 岁的时候，她那喜怒无常、爱惩罚人的母亲去世了，从那以后，她就一直由父亲本抚养。大部分时间本都是一个人待着，有时他会在妻子骂人后安慰布伦达。尽管本对布伦达的日常活动几乎毫不关注，但布伦达还是认为他是一个慈爱的父亲。

布伦达后来成了一名受人尊敬的医学研究者。当布伦达受邀在一个著名的国际研讨会上介绍自己的工作时，她以为父亲终于会为她的成就感到兴奋和钦佩了。

但是，本没有什么兴趣。他对布伦达的成功反应冷淡，这让布伦达备受打击。为了得到本的赞许，布伦达付出了许多努力，可不论她如何努力，本似乎总是对她的成功视而不见。虽然本参加了布伦达的颁奖典礼，但他对布伦达的工作发表了粗鲁而轻蔑的评论，这让布伦达感到非常尴尬。他没法长时间地关注自我以外的任何事物，所以他不知道这不是他该发表意见的时候。

本的兴趣范围非常狭窄，主要集中在他的政治理念与经济状况上。不论布伦达取得了什么成就，与她父亲感兴趣的东西相比，这些成就似乎都是无关紧要的。每次给家里打完电话后，布伦达都会有一种屈辱的感受，好像她在乞求父亲为她感到骄傲。

他们过度忙碌

有些不成熟的父母总是过度忙碌，无法停下来与孩子建立联结，他们通过这种方式来与孩子保持距离。和这些过于忙碌的父母一起长大的孩子知道，父母真正的兴趣在别处，他们不如父母在外面的追求重要。这些忙碌的父母太过沉迷于自己的事务，或者过分追求成功，以至于他们与孩子日渐疏远。他们不知道自己的行为为何会让孩子失去他们的陪伴和关注。他们难道不是一直都在为孩子付出自己的全部吗？

过于忙碌的父母错误地估计了他们从家庭中抽出来的时间。这些父母可能过分痴迷工作、体育运动、攻读高级学位、不间断的社交活动或做义工。这些活动原本是有建设性的，但这些父母似乎不知道这些活动一旦过度，对任何人都是有害的。如果他们发现了问题的迹象，他们就会产生合理化的想法，比如这些活动非常重要，值得每个人都做出一些牺牲。

凯蒂的故事

凯蒂的母亲贝拉似乎总在忙于各种各样的事情，例如打扫卫生、准备晚餐或者回电话。当凯蒂回家探望母亲的时候，她能看出来母亲总是坐立不安，急着回到自己的各项事务中去，并且总是找借口说她一会儿就有时间和凯蒂一起放松了。但那个时间从未到来。即使在凯蒂与母亲坐下来聊天时，母亲也总是一直盯着电视，或者在文字游戏本上涂涂抹抹。每当凯蒂指出母亲心不在焉时，母亲总是说："我在听！"可她就是不肯停下自己在做的事情。她的父亲也是如此，一有机会就溜到车库里干活。她的父母总是这么忙碌，她很难与他们维持稳定的情感联结。在他们那些"必须做"的事情背后，隐藏着的是他们对亲密的不适应。

每个人都可能会面临过多的事务和职责，例如要求很高的工作或照料他人的责任。但如果父母对情绪足够敏感，只要孩子抱怨父母没有足够的时间陪自己，他们就会认真对待这个问题。情感更成熟的父母能对孩子的体验感同身受，如果可能，他们会在自己的事情与陪伴孩子之间寻找更好的平衡。

当然，不论父母在情感上多么成熟，有时经济上的现实会让苦苦挣扎的父母分身乏术。对整个家庭来说，这是一段艰难的时期，因为此时父母对于自己要做多少工作并没有太多选择的余地。但如果父母倾听孩子的感受，并向他们解释家庭经济的状况，那么孩子就至少能够理解他们的分离是有意义的，而不是因为父母对其他事情更感兴趣。

他们会表现出羡慕和嫉妒

有些不成熟的父母会嫉妒孩子的成功和孩子获得的社会关注。这些嫉妒心重的父母不会为孩子感到高兴，反而更可能贬低或轻视孩子的能力与成就。这些父母不够成熟，无法为他人的好事感到高兴。他们崇尚竞争性的生活态度，成功的子女可能会抢走他们的风头。

当孩子受到别人的关注时，这些嫉妒心重的父母会觉得受到了冷落。这些父母认为孩子偷走了本该属于他们的关注。羡慕出于渴望（他们想要你拥有的东西），嫉妒则基于关系。这些父母怨恨孩子得到了父母想要独占的特殊关注。

珊达的故事

珊达的母亲艾安娜喜欢在社交圈里扮演女主人的角色，她不能忍受人们更加关注珊达。即使珊达已经长大成人，艾安娜在所有的社交场合也依然坚持把珊达当作一个孩子。在一次家庭聚会上，一位叔叔走过来跟她们打招呼。珊达是一名缓刑监督官，所以这个叔叔说，他很想听听珊达对于他们社区里的一起臭名昭著的青少年犯罪案件的看法。珊达还没来得及回答，艾安娜就用怀疑的语气插嘴道："珊达？珊达怎么会懂那种事？"尽管珊达其实对这些事非常了解，但艾安娜不能忍受女儿独享所有的关注。

乔治的故事

乔治有个不成熟的父亲，他喜欢成为人们关注的焦点。在乔治小的时候，每当有朋友到家里来玩的时候，父亲都会百般嘲笑和奚落乔治。他把其他男孩拉拢到他这一边，破坏乔治和这些男孩之间的友谊，尽管这显然会让乔治很难过，可父亲还是会这么做。

这些父母总是羡慕和嫉妒他人，在这样的情况下，这些父母的孩子可能会学会隐藏自己的才能，远离众人的关注，以免遭受这些争强好胜的父母的贬低。由于父母的羡慕和嫉妒，成功对于这些长大成人的孩子来说，可能是一个充满矛盾的问题。

他们暴躁易怒，很容易感到沮丧

有些不成熟的父母不能与任何人维持良好的情感联结，因为他们总是生活在一系列危机之中，并且情绪总是起伏不定。他们总是坐立不安，不能让事情顺其自然，对最微小的事情都极度敏感。他们对批评有着病态的敏感，他们经常在没人批评他们的时候感受到被批评，而且从不觉得有人足够关心他们。有时这些父母会变得非常偏执，觉得别人总是在毫无缘由地针对他们。他们总是暴躁易怒，每时每刻都需要身边的人来安抚他们的情绪，在微不足道的琐事出错的时候出来收拾残局。如果一个人总是被自己的焦虑和投射弄得疲惫不堪，就没有余力与他人建立平和、有爱的联结。

他们的言行前后不一致、充满矛盾

不成熟的父母的人格结构整合度很低，这导致他们的情绪、情感总是破碎的、分裂的，他们会有非常矛盾的、缺乏一致性的行为。你很难与他们建立成年人之间的关系，因为他们就像孩子一样，更像是许多情绪反应的集合体，而缺乏始终如一的、整合的人格。正如我们在第 1 章所见，他们似乎没有发展出一种有内聚力的自我感知，而这种自我感知原本能给予他们内在的稳定与安全感。

每个人的人格都有一些内在的成分，我们可以把这些成分看作整体人格的子人格，这些子人格拥有"自治权"（Schwartz，1995）。每当我们说"我不知道我是怎么了""你今天看上去和往常不太一样"或者"我心里有一部分想要，但另一部分不想"的时候，我们其实都意识到了我们内在的多样性（Goulding & Schwartz，2002）。许多心理治疗师把这些子人格叫作内在小孩（Bradshaw，1990；Whitfield，1987；Capacchione，1991）、内部角色与内部声音（Berne，1964；Stone & Stone，1989）或者内在家庭系统（Schwartz，1995）。拥有不同的子人格并非一种临床疾病（如多重人格），而是人类人格的一种自然特征。

对情绪健康的人来说，他们人格的不同部分会以一种有意识的、整合良好的方式共同运作，就像合作顺利的委员会一样。然而，不成熟的父母的人格的各部分是孤立和相互矛盾的。由于人格缺乏良好的整合，因此那些不成熟的防御性人格成分会在毫无预警的情况下突然占据主导地位。这些相互矛盾的人格成分可能会被意外地激活，这就解释了为何不成熟的父母经常做出令人瞠目结舌的矛盾行为。

　　不成熟的人通过他们内心谨小慎微、戒备重重的人格成分与人互动，以此来保证自己的安全感（Schwartz，1995）。他们偶尔也会放松警惕，比如当他们坠入爱河的时候，但混乱与不信任的感受很快就会回来，因为他们保护自己的人格成分不会允许真正的情感亲密持续太久。每当亲密感临近的时候，这些保护性的人格成分很快就会找出理由使他们产生怀疑、指责他人或者开始争吵。这就是为什么不成熟的人有时可以与人分享柔情的时刻，但却无法忍受持久的亲密。

你可能会害怕自己也是情感不成熟的人

　　当你读到有关父母情感不成熟的内容时，可能会担心自己在孩子眼中，可能有时也是情感不成熟的父母。这是可以理解的，因为有时我们会对他人不感兴趣、过度忙碌、嫉妒、被激怒或前后不一致，所有人都会这样。不同的是，对有情感联结的人来说，这些只是暂时的状态，并不会影响他们与人建立关系的能力。

　　如果你正在阅读本书，你可能已经敏锐地觉察到与父母缺乏联结给你带来了多少痛苦。你可能已经知道，感觉自己不重要、由于情感匮乏与虐待而体会不到自我价值是什么感觉。有过这种自我觉察说明你可能已经想过自己对孩子的影响了，而且你很可能不会在为人父母的过程中把相同的痛苦传递下去。

事实上，你甚至会担心你那情感不成熟的父母会影响你的孩子，这就降低了你情感不成熟的风险。对情感不成熟的担心意味着你能够自我反省、对他人感同身受，并渴望获得心理上的自我提升，而这些品质在不成熟的人身上是很少见的。我们都会偶尔犯错、伤害他人，如果你关心他人的内心世界，能感受到他们的情绪，如果你小心地维护自己的人际关系，并能承担起你在问题中的责任，那么你显然是一个情感足够成熟的人。

拥有不成熟的父母并不意味着你也会是一个不成熟的父亲或母亲。事实上，你可能是你家族中最终制止情感痛苦代代相传的那个人。你要做的就是注意孩子的感受，带着同理心去倾听他们，让他们知道他们一直在你心中。犯错了就要道歉，认真地对待孩子，不要讽刺和嘲笑，要尊重他们。当孩子知道你正全身心地陪在他的身边，知道你是有礼貌、有同理心和公平的父母时，他们就不会感到你曾感受过的情感孤独。

为什么你一直心怀希望，一直尝试与他们建立关系

既然与不成熟的父母建立关系会带来那么多的伤害和孤独，为什么子女在长大成人后还会一直试图与他们建立关系呢？为什么即使父母经常伤害他们、蛮横无理，这些成年的孩子仍然希望

他们的父母能够体谅他们、尊重他们呢？答案是，父母偶尔会给你一些理由让你心怀希望，而要调整自己的期望可能需要很长的时间。我们来看看为什么不成熟的父母的子女会不断地尝试与父母建立关系。

有时不成熟的父母的确能满足你的需求

只有当父母一直疏远和拒绝孩子时，孩子才会放弃与父母建立关系的希望。这样的父母就像关上的大门，而他们的孩子也知道这一点。但愿意在情感上偶尔付出的父母会让你期待得到更多。偶尔，在好日子里，他们会放松自己的戒备，与你建立足够的联结，让你享受其中。这种短暂的愉快经历会让所有年龄段的孩子充满希望，让他们想着有一天他们也许能与父母建立充满滋养的情感联结。

比如说，你可能与父母共度过一些特别的时光，享受过深情和快乐的时刻。在那种没有防备的时刻，不成熟的父母可能没有那么死板，会表现出温柔和爱意，而这让你觉得一切痛苦都是值得的。当他们感觉良好的时候，他们可能也很爱嬉戏，他们可能会带你一起兜风，用他们的快乐感染你。在这些美好的时光里，父母可能会很喜欢像孩子一样和你相处。只要你也喜欢他们喜欢的东西，就一切都好。

但是，当不成熟的父母不得不考虑孩子的感受，或者需要努力为孩子好的时候，快乐的时光就结束了。他们会明确地表示，如果你想要这样美好的时光继续下去，你就应该要他们想让你要的东西。他们可能会说一些诱使你服从的话，例如"这不是很有趣吗"或"你其实不想那么做，对吧"，以便得到他们想要的答案。当孩子想要的东西与自己的意愿产生冲突时，不成熟的父母很快就会冷淡下来。

不成熟的父母有时也会很慷慨，但这通常都有附加条件。他们往往会先考虑自己的偏好，然后再给孩子想要的东西。这些父母给孩子的礼物往往反映了父母的兴趣，而不是孩子的喜好。这就好像他们会下意识地通过给孩子送礼物来替代性地满足自己的需求。还有些时候，不成熟的父母会选择一些大众化的儿童礼品，而不考虑孩子的独特兴趣。然而，他们有时候也会选择恰到好处的礼物，让你被了解和被爱的希望再次出现。

不成熟的父母在不得已的情况下也会放下自己的防御、敞开心扉，比如在极度困难的逆境中，甚至在临终前。在这些极端的情况下，有些不成熟的父母会对自己的行为进行反思，并表示后悔。这种稍纵即逝的深层联结会让人觉得弥足珍贵，但如果孩子想要得到更多，父母就可能会再次拒绝他们。不成熟的父母的防御让他们无法维持这种深层的开放。

你感觉到了情谊，认为你们能建立关系

情谊（bonding）和关系（relationship）是两种完全不同的东西（Stern，2004）。情感联结是一种通过熟悉感和身体的亲密形成的安全的归属感（Bowlby，1979）。情谊能够给我们一

种家族与部族的社群感，关系则满足了人们想要了解他人并被他人了解的情绪和冲动。即使有些人对你的主观体验不感兴趣，你也可能会感到与他们产生了情谊（Stern，2004）。

不成熟的父母的成年子女会感到与父母之间的情谊，并认为这就是爱，但事实并非如此。当情谊很强烈时，你会觉得自己应该能与他们建立令人满意的关系。可惜的是，这并不一定。为了区分情谊与关系，你应该问问自己，你觉得这个人是否了解你的情绪状态和主观体验。如果没有那种关注和共情的成分，你们的关系就更可能建立在情谊上，而不是建立在爱的基础上。

在你试图从不成熟的父母的情感控制中恢复过来的时候，你可能需要重新认识到，情谊与亲密的关系不是一回事。作为一个成年人，与自己建立更深刻的关系，也许才是更好的选择，与此同时，你还需要降低期望，重新思考自己能与缺乏回应的父母建立什么样的关系。

你会把自己的成熟和优点投射到他们身上

我们大多数人都知道投射是一种消极的心理防御，比如我们会把自己的错误投射到别人身上，或者过分地担心别人会伤害我们。但是，错误地把自己的积极品质投射到他人身上同样也是一个大问题。不成熟的父母的成年子女尤其可能会认为其他人与他们有着相似的心理特征，他们可能会在别人身上看到不符合实际的成熟与潜力。信任他人是没问题的，但不要期望别人做到他们无法做到的事情。这种过度乐观的习惯是孩子在很小的时候形成的，那时他们需要相信父母是好的。

　　不管是与不成熟的父母相处，还是与其他成年人建立关系，辨别不成熟的人格特征与自身品质之间的区别都是至关重要的。你不应该把自己的优点和体贴投射到他人身上，从而混淆自己和他人的品质。你应该看见他人本来的样子，这样你就可以对可能建立的关系做出明智的选择。

现实可能太过痛苦，以至于你无法看清

　　父母在情感上的缺位会让孩子感到十分失望，以至于孩子不忍看清父母真实的样子。孩子往往会在心中幻想与不成熟的父母保持着联结。即使父母伤害他们的情感、疏远他们，他们也会夸大父母的优点，以至于他们与父母之间看似的确拥有联结。我在来访者身上见过这种情况，他们在一开始用溢美之词来赞扬自己的童年和父母，但后来才意识到他们在情感上得到的关爱有多少。

　　自己得到的共情少得可怜，自己与父母之间的联结只是一种虚妄，与面对这样的事实相比，对一段美好、亲密关系的幻想是更吸引人的。对接受心理治疗的人来说，最富有成效的时刻是他们面对自己从未接受过的情感真相的时刻。他们可能会悲伤、愤怒，但随后他们会更愿意寻求与他人的联结。你可以通过下面的练习开始这个面对真相的过程，但请考虑借助心理治疗或支持性团体咨询来帮你克服可能出现的强烈感受。

你可能已经失去的东西

　　练习开始前，请拿起你的日记，花一些时间来静静地回想一下你在童年时期因为父母的不成熟而失去的东西。（在做这项练习的时候，看着自己小时候的照片可能会很有意义。）接下来，请补全下面的句子，并且写下你对自己所写内容的感想。

　　我失去了_____的机会。

　　我没有机会去感受_____。

　　虽然很难受，但我学会了接受_____。

　　我希望我从没有被迫有过_____这样的感受。

　　如果我有一根魔杖，我会把妈妈变得更_____。

　　如果我有一根魔杖，我会把爸爸变得更_____。

　　我真希望有人能_____。

　　写完你对所填内容的感想后，让你的内在小孩知道，你现在会给予自己曾经失去的关注与接纳，会接近那些更关注自己、能回应自己情感的人。

他们为什么不能改变

　　不成熟的父母的成年子女常有治愈幻想（Gibson，2015），他们往往在暗地里希望能够改变父母，和他们建立有益的关系。

还记得第 2 章里的吉娜吗？她年迈的父母想要搬到她家附近。吉娜承认，她之所以会考虑他们的要求，其中一个原因是，她幻想有一天，她那挑剔、暴躁的父亲会对她敞开心扉，最终给她一个和他建立联结的机会。她担心如果她不满足父母的要求，就可能错失最后一个建立亲密关系的机会。

我们应该重新审视这些治愈幻想，因为这些幻想延续了让父母改变的希望，而这种希望是不太可能实现的。相反，通过自己的努力，你更有可能治愈自己，而这种治愈不可能是因为父母做的任何事。无论你与不成熟的父母的关系有了怎样的改善，都可能是因为你的观念发生了改变，而不是他们产生了转变。

如果你渴望得到父母的关注，渴望与他们建立联结，那是可以理解的，你可能以为他们的愿望与你是一致的。但是任何试图改变不成熟的父母的做法都不大可能奏效，因为这种行为会使不成熟的父母产生强烈的情绪，他们很容易因为这些情绪而失控。当你试图与不成熟的父母建立亲密的情感联结时，他们的本能反应却是退缩。你以为自己是在试着给他们爱，但他们可能会觉得很不舒服。他们已经形成了一种自我保护的人格风格。他们不想改变。

不成熟的父母压抑了许多对于联结的深层需求，他们不明白你为什么要"瞎折腾"。他们可能不明白为什么这对你如此重要，因为他们没有意识到亲子关系对于孩子的安全感和自尊有多重要。许多不成熟的父母的自我价值感都很低，他们无法想象自己的陪伴和关注对孩子是如此重要。这些父母几乎无法相信，仅仅是为了陪伴孩子，自己需要付出那么多。

放下治愈幻想的悲伤

接纳不成熟的父母的局限，能够帮助你怀有更为现实的期望，但因为你一直梦想着他们能够改变，能够成为你需要的慈爱父母，所以要放下这样的梦想是很难的。你可能希望有一天他们会对他们给你造成的孤独和自我怀疑做出弥补，这种幻想可能曾经帮助你度过了艰难的时刻。但是，与其一厢情愿，也许更好的办法是认清现实。

哀伤的需求

放下充满希望的幻想，就像真的失去了什么东西。放弃了这么重要的东西之后，你不能不给自己哀伤的余地。

当你因为失去对父母的幻想而感到哀伤时，你可能也会因为另一个原因感到哀伤——为了适应不成熟的父母而不得不做出的牺牲。允许自己对自我压抑感到哀伤，会让你重新找回你已失去的、从未被倾听过的自我。我希望你现在能倾听那部分自我，拥抱这些对于被压抑的自我的哀伤，能够让你自由地做自己，让你的感觉再度整合为一个整体。

当你不再希望不成熟的父母可能在某一天做出改变的时候，你就终于可以面对你小时候所感受到的伤痛、孤独和恐惧了。在童年时期，你可能不得不压抑自己，好让自己意识不到这些情感伤害的代价，这样你才能长大成人。在那个时候，你希望不成熟的父母有一天会产生转变，变得关心你的感受，并与你建立更深的联结，这是健康的想法。但是，你现在作为一个成年人，放下这些让父母改变的希望是更健康的选择。当你不再渴望他们来拯救你时，你就能与自己的情感需求建立联结，从而与自己、未来的成长以及未来的人际关系建立牢固的联结。

选择主动的自我，放下受苦的自我

作为不成熟的父母的孩子，你可能已经在某种程度上发现，与他们相处的最好方式就是默默忍受，而不是"惹是生非"。这种受苦的自我（Forbes，2018；Perkins，1995）在生活中无能为力，在人际关系中逆来顺受，但能够适应强势的父母。受苦的自我感觉不到愤怒，也不知道自己想要什么，被长期困在不快乐和无助感里。在适应童年艰难处境的过程中，受苦的自我不得不放弃自信与自主，但我们不应该让它继续控制我们（Schwartz，1995）。

受苦的自我让你相信，自我牺牲能让你成为一个好人，或者至少能让你更有可能得到别人的爱。但是现在这个受苦的自我应该退居二线了，它不再适合作为你人际关系的指导者了。在与专横的父母相处时，主动为自己着想比被动无助要好得多。作为一个成年人，你现在能够采取行动，选择为自己补充能量、自我照顾的最佳方式。

调整自己的期待，改善自己

现在你已经了解了治愈幻想，请问问自己，有没有可能你所渴望的并不是与父母建立更亲密的关系，而是一种觉得自己可爱、被人接纳的感觉。你会选择父母这样的人做你的新朋友吗？如果不会，也许你可以用其他的方式让自己感觉好起来。也许你不需要父母爱你就能感觉自己是可爱的。作为一个成年人，你能否与自己建立充满关爱的关系，从而让自己产生这样的感觉？

本书的后半部分将聚焦于如何探索自己的内在世界，设定新的目标，改变自我概念，进而与自己建立一种让你满意的关系。你会学到如何促进自己的成长，敞开心扉去与他人建立更好的人际关系，过得更加愉快，同时增强你独特的身份认同与个性。通过书中的练习，你会为了成长去追求个人的发展，而不是试图通过成长来赢得不成熟的父母的赞许。

与此同时，你可以不再渴望与不成熟的父母建立令人满意的关系，而是设定新的目标，更实际地看待父母，理解他们的局限，调整自己的期待。只要你还怀有他们无法满足的期望，你们之间的关系就会让双方都感到沮丧。

你无法改变父母，你也不能让他们快乐起来。即使你竭尽全力，最多也只能短暂地减少他们的不满。这是因为他们有情感不成熟的关系系统，他们觉得你应该为他们的快乐负责，但他们的情感局限又不允许他们接纳你试图给予他们的东西。

一旦你接受了事实，接受了自己无法让他们快乐，无法改变他们的生活，无法让他们为你感到骄傲的事实，你的心情就会轻松下来。他们通常无法考虑你的感受，也无法维持双向的亲密情感关系。他们不会长时间地倾听你说的话，不论你做什么，对他们来说都是不够的。他们会一直把你当作他们的孩子，而不是一个功能健全的成年人。他们会试图控制你，试图成为关系中最重要的那个人。他们的兴趣总是第一位的，即使你是成年人的典范，他们也依然会批评你、贬低你、轻视你。

提高你对其他关系的期待

如果你在童年时觉得其他人比自己重要，那么你可能会把这种想法带到成年后的人际关系中去。你可能会相信，要求得到他人的回应是一种过高的期待，长期的情感受挫才是关系中的常态。许多不成熟的父母的成年子女都认同这样的说法：关系需要付出很多的努力去维护，因为这就是他们在成长中的经历。对他们来说，在结婚之前就问题不断，以至于需要去做夫妻咨询并不是一件奇怪的事。在潜意识中，他们相信亲密关系中一定会有不满和糟糕的沟通。

对他们来说，伴侣应该关心他们的感受，关注他们的主观体验，与他们一样想要和睦相处，这些可能都是非常陌生的概念。如果你有不成熟的父母，那么他人只在某些情况下，勉强给你一些少得可怜的关注，对你来说就是可以接受的。但是，一旦你意识到某个人只会偶尔给你一点点情感上的满足，从来不会与你建立令人满意的联结，你就会感到解脱，因为这样你就能够去寻找新的情感滋养。

如果你小时候没能从不成熟的父母那里得到太多的情感，你就可能会在成年的关系中一厢情愿地投入过多的努力。你可能不会幸福，你可能会觉得不论别人给你什么东西，你都应该接受。你现在的任务就是质疑这种单向的关系，寻找更令你满意的关系。当你在生活中努力降低自己对不成熟的人的期待时，你也应该提高自己对其他关系的期待，以便找到和你一样的朋友和伴侣，一同努力建立双向的、相互理解的关系。

（练）（习）

你现在想要的是什么

现在，为了寻找你在童年时缺乏的情感满足，请花一些时间思考，在日记本上补全下面的句子，这些句子描述了你的一些新的可能性。

我现在有机会成为_____。

终于，我有机会感到_____。

我再也不能接受的他人行为是_____。

我想要寻找的人是_____。

我想要找的人能够做到_____。

现在我把自己看作_____。

总而言之，想成为理想中的自己，并不需要父母再抚养你一遍。一旦你开始依靠自己的成人思维，倾听自己的内心，你就能从内心得到你所需要的指引和支持，这些指引和支持正是你多年前想要的。只要你重视自己，探索自己的内心世界，你就不会被那些无法真正看到你的父母伤害。你不需要他们就能感到自己的可爱与价值，因为你能从自己和志趣相投的人那里得到想要的东西。

○ ○　**总　结**　○ ○

不成熟的父母没有满足孩子对联结、沟通与认可的需求。许多不成熟的父母没有给予孩子足够的关注和关爱，反而表现出冷漠、嫉妒、过度忙碌、暴躁易怒等问题。你可能希望改善与他们的关系，但他们的防御与矛盾心理让他们在情感上遥不可及。多年之后，你最终可以接纳他们的局限，将自己的关注点放在与自己和与他人建立更好的关系上来。一旦你能放下自己求而不得的期待，你与他们、与他人、与自己的关系就都会变得更为现实。

第4章

如何主动抵制父母的情感控制

　　不成熟的人会夸大所有的事。他们就像小孩子一样，每次遭受挫折或羞辱都宛如世界末日来临。他们就像那个喊"狼来了"的孩子，你不知道自己该不该相信他们。

每当不成熟的人为了自己的利益而让你产生某些情绪和想法，以便对你加以控制时，情感控制就发生了。在这一章里，你会学习如何在情感胁迫与情感控制刚发生的时候就将它们识别出来。你的任务就是了解清楚不成熟的人的心理动向，这样你就不会再陷入他们的关系系统，被他们利用。你会看到不成熟的人是如何让自己的需求显得极其紧迫，从而对你进行情感控制的，你也会学习如何处理这种情况，而不与真实的自我解离。（请记住，我在本章提到的不成熟的人，包括不成熟的父母。）

保持主动的心态

本章将向你展示如何主动抵制情感控制，如何拒绝在情感胁迫下做出不成熟的人想要你做的事情。你现在可以提醒自己，我能够应对他们的所作所为，而不是屈服于他们。拥有这样的主动心态，能使你不被他们的目的裹挟。

有一位女士把这种主动的心态称作不屈从于他人要求的决心。用她的话说就是：我不会被他们的大惊小怪所影响，我不会允许他们侵入我的空间，告诉我应该怎么做。

当你决心做出自己的决定，不屈服于不成熟的人的压力时，情感不成熟的关系系统中的潜意识引力就不会那么容易影响你了。拥有主动的心态能让你为自己考虑，而不是默许他人的行为。通过质疑他们视作理所应当的假设，你能主动地保护自己的边界与独立。

你也不会再认为维护他们的自尊或情绪稳定是你的责任了。

一旦你对不成熟的关系系统所带来的压力保持敏感，不成熟的人的情感控制就会变得更加明显、容易应对。一旦你看清了他们的所作所为，他们的强迫行为就失去了强制的效力。这样一来，你就能站在自己这边，不再做他们的受害者了。

首先，我们来看看不成熟的人是如何夸大自己问题的严重性，好像他们的问题比你身上发生的任何事情都重要的。

你能挑战他们的歪曲假设

不成熟的人会透过一个歪曲的场域来看待世界（Wald，2018），这个场域夸大了所有的事物，使他们的需求显得比别人的需求更重要。如果你不小心，就会把他们的歪曲看法当作现实，相信他们的情况很特殊，你的确应该优先考虑他们。

不要再把他们当作最重要的人

如果你是不成熟的父母的孩子，你可能会觉得有些人的确比其他人更重要。比如说，在许多家庭里，每当不成熟的人走进家门时，所有人都会盯着他看。他们是家人关注的焦点，每个人都会下意识地看向他们，因为一旦不成熟的人心情不好，就没有人能把精力放在其他事情上。这些家庭里都流传着一个这样的"神话"：这个不成熟的人是很特别的，家人都要小心以免惹他生气。

在你眼中，一个人的情绪状态能支配所有其他人的生活是一种常态，谁又能怪你呢？对一个仍在认识世界的孩子来说，不成熟的人的夸张的外在表现，就是显而易见的事实。虽然不成熟的人对于家庭的控制是不正常、不健康的，但孩子不可能理解这一点，因为他们很少看到别的家庭是什么样的。孩子只能看到不成熟的人在自己家里会得到怎样的对待，心想：可能这就是现实；爸爸真的是世界上最重要的人；显然妈妈的感受比其他所有人的都重要；妹妹的要求当然是每个人的头等大事。

但是现在，你已经长大成人，你懂的更多了。你有权利考虑自己的需求。你生活的目的与不成熟的人的期待完全相反，你活在世上不是为了给予某人虚假的权力感。一个人不能仅仅因为自以为是，就声称自己比别人更重要。你和不成熟的人是平等的，没有谁比谁更重要。你既不是他们的财产，也不是他们的仆人。

质疑他们的紧急情况

透过歪曲的场域，不成熟的人对每件事都会大惊小怪。对他们来说，平凡生活的起伏都可能变成一场危机，需要立刻得到解决。当他们不高兴时，你应该立刻惊慌失措地跳起来，然后问他们发生了什么。如果你在成长的过程中，身边总是有一个不成熟的人，那么你可能一直生活在压力重重的忧虑里，随时准备应对他此刻的危机。你需要避开他们吗？你要问他们为何闷闷不乐吗？要确保没人招惹他们吗？要听他们抱怨吗？要安抚他们吗？要让他们感受到被重视吗？无论他们需要什么，你都要去做，因为你很害怕他们情绪不稳定所带来的后果。

我们通常难以判断不成熟的人的问题究竟是有现实根据的，还是在重演旧日创伤的剧本。他们真的是受害者吗？真的有人无缘无故地攻击他们吗，还是冲突根本就是他们挑起的？这很难说。他们歪曲的场域会告诉你，他们没有任何过错，而每个人都在针对他们。值得庆幸的是，你现在对情感控制有了足够的了解，不会再对不成熟的人的紧急情况深信不疑了。

透过他们歪曲的场域来看，他们的问题非常紧迫，而你是唯一能帮他们解决问题的人。可是，一旦他们对自身重要性的歪曲看法无法再迷惑你，你就会发现，从客观的角度来看，他们没有权利控制你，他们也不比你更重要。你们需要考虑的人有两个，而不是只有一个。他们的需求不会让他们比别人更重要，也不会让他们比别人更有权利得到关注。

不要相信他们的奉承

不成熟的人经常用奉承来哄骗你去做他们想要你做的事情。他们的表现可能会让你觉得自己拥有所有问题的答案，或者觉得自己特别强大，有能力解决他们的问题。他们会告诉你，如果没有你，他们就不知道该怎么办了。（我猜他们很快就会找到更愿意帮忙的人。）

不成熟的人提出了一桩非同一般的关系交易：如果你按照他们想的去做，那么你就是他们的一切。但是，你们的"合同细则"上写着：你为他们做的最后一件事有多好，你就有多好。在这种歪曲的条款里，你可能在一分钟以前还是他们的一切，一分

钟以后，你就什么都不是了。这是因为他们对人际关系有着一种
非常以自我为中心的看法，对他们来说，你要么好得无以复加，
要么百无一用——没有中间状态。

　　不成熟的人的奉承对任何人来说都是很有诱惑力的。我们都
希望自己与众不同。谁不会被这样的人迷住呢？你仿佛正是他们
祈求的那个人。当你觉得自己再次成为他们的一切时，你很容易
就会原谅他们，即使他们在其他时候忽视你、不尊重你，这些似
乎都不再重要了。只要不成熟的人偶尔让你觉得自己很重要、很
可爱、很特别，你就可以忍受很多。这种奉承的手法在骗子、邪
教领袖、独裁者和其他剥削者身上很常见，他们会用这种方法帮
助自己取得有利的地位。他们知道人们需要觉得自己很特别，而
他们利用这种需要来巩固自己的势力。

　　你不必让这些奉承哄骗你。这些诱惑无法提供任何有意义
的关系。而且，你真的想成为他们能够随时利用的"特殊的人"
吗？与那些只在心情好或别有所图的时候才虚伪夸赞你的人相比，
难道你不会更喜欢那些真心善待你、对你真正感兴趣的人吗？

摆脱他们歪曲的场域

　　现在，我们来看一看，退后一步、问正确的问题是如何驳斥
"不成熟的人比你更重要"这一观念，如何帮助你摆脱他们歪曲
的场域的。

评估他们的紧急情况

不成熟的人会夸大所有的事。他们就像小孩子一样，每次遭受挫折或羞辱都宛如世界末日来临。他们就像那个喊"狼来了"的孩子，你不知道自己该不该相信他们。这就是为什么不盲目接受他们以自我为中心的观点是很重要的。应该由你来澄清事实的真相。否则，你会被卷入一场又一场戏剧化的危机里，且每次危机都显得既紧迫又绝望。为了保护自己，评估现实情况并正确看待他们歪曲的观点是有好处的。

要做到这一点，第一步是要审视不成熟的人的请求，抵制与之相伴的绝望与紧迫感。你不必与他们一同夸大和歪曲事实，也不必接受他们对事实的歪曲。你完全可以后退一步，客观地看待他们的情况，或者询问一下他人的意见。一定要询问不成熟的人，弄清他们具体的困难：可能事情并不像看上去那么紧急。鉴于他们的情绪可能歪曲了事实，你是否应该相信他们的一面之词，相信他们的问题真的很严重？

保持距离，分析问题

不要忘记，在任何危机中，都有许多不成熟的人没有考虑到的因素，因为他们的心中充满了对歪曲的事实的看法与恐惧。每当面临严重的问题时，他们都会惊慌失措。在他们看来，唯一的办法就是要别人来拯救他们。他们想让你和他们一起跳进绝望的黑洞，然后奇迹般地让事情变好。

因此，只有你才能判断做出什么反应是合理的，不要让不成熟的人的压力和不受控的情绪影响你。如果他们真的需要你，那么他们实际上需要多少帮助？你必须核对这些问题，因为他们做不到。不论他们有任何紧急情况，正确的反应都不是立即介入，而是先退后一步，评估现实。

如果你想要分析问题，而不是立即满足他们的要求，有些不成熟的人就会生气。如果你指出他们的反应可能在一定程度上导致了他们自己的问题，他们就尤其可能觉得受到了背叛。如果你不马上给予他们想要的东西，他们就会觉得你不够爱他们。但是，你仍然要告诉他们，你觉得他们的冲动反应可能不是最好的解决方法，而且，因为他们需要你的帮助，所以你需要花时间与他们一起思考其他可能的解决方案。

如果他们表示拒绝，那么他们就是在强调一种对现实最大的歪曲：你不如他们重要。所幸，你不需要接受这种不平衡的、单方面的关系。你没有义务把别人的需求置于自己的需求之上。你可以向他们解释，你不会不经思考就着手做任何事情，并且告诉他们，如果他们愿意把你的需求也考虑进去，那么你愿意稍后再和他们谈谈。

在面对情感控制时，应该询问自己的问题

事实到底是什么（除了他们告诉你的）？

在这件事情里，有哪些能被证实的事实？

这场危机有多严重？是紧急情况吗？是谁的紧急情况？

他们的要求是解决问题的最佳方案吗？

当他们平静下来时，能自己解决问题吗？

这是你的责任吗？

通过问自己这些问题，你可以评估这究竟是一场真正的危机，还是一种伪装成危机的情感控制。

弄清自己是否真的有帮忙的义务

当不成熟的人遇到危机时，他们会让你觉得自己有义务去帮助他们。这是情感控制的第一阶段：他们的问题就是你的问题。如果你感到犹豫，想要仔细思考，他们此时的反应就会隐含这样的信息：我真不敢相信，在我最需要帮助的时候，你居然不帮我！但是，面对这种隐含的指控，你的任务应该是退后一步，问问自己，在这些情况下，遇到了这样的事情，你是否真的有帮忙的义务。否则，你就会给他们本不属于他们的权利，让他们替你的良知发声，而你就会屈从于全面的情绪控制。

在一段关系中，除了你，没人有权界定你的义务和职责。不成熟的人的问题总是如此紧迫，这意味着你别无选择。但是，你当然是有选择的。你想要好好考虑一下，或者在不牺牲自身幸福的情况下寻找能帮上忙的方法，并不意味着你是个坏人。请记得问问自己：这件事真的有那么紧急吗？这是最好的解决方法吗？这是我的责任吗？你有权自行审视他们认为你该做的一切。请通过思考这个问题，来明确每个人的责任：什么是我，什么是他们，以及，什么才是义务（如果真的有义务的话）。

如果你真的觉得自己负有责任或义务，那就问问自己，这种看法究竟是谁的，为什么。当涉及两个或更多人的时候，不应该只有一种可以接受的选择。经过共同的努力，你们两个人能够找到双方都能接受的办法。正如拜伦·凯蒂所说，你应该问问自己，你感受到的这种"义务"，是不是放之四海而皆准的绝对真理（Katie，2002）。理性的问题能够揭示，不成熟的人的看法并非看待问题的唯一角度。

不要纵容他们

如果你把他人无数次从重蹈覆辙的后果中拯救出来，或者替别人做他们自己能做的事情，那就是纵容。纵容削弱了他人解决问题的能力，因为有你不断地替他们解决问题。当你在纵容他人的时候，就是在对他们无法自行解决问题的看法表示赞同。纵容赋予了不成熟的人控制你生活的权利。

当不成熟的人陷入他们歪曲的场域中时，他们就会惊慌失措，可能无法看到其他解决问题的方法。这并不是因为没有其他的方法，而是因为他们没给自己足够的时间去发现这些方法。因为不成熟的人做任何事都是匆匆忙忙的，所以你会觉自己不得不立即介入他们的困境。但如果你太快地加以干预，只会让他们相信，他们需要别人来为他们解决问题。这就强化了他们的警觉与索取的反应。

伯特的故事

伯特接到了弟弟汤姆打来的一通电话，汤姆听上去非常惊慌。弟弟想向伯特借 10 000 美元，用来应对自己债务问题，但伯特觉得他有些冲动了，以汤姆的负债情况来看，还不必如此。他建议汤姆再好好考虑一下。这是伯特的缓兵之计，他还让汤姆把整件事的细节给他写下来。这会给伯特一些空间，去思考自己愿意做些什么，这也会让汤姆练习如何坐下来，通过写作来厘清自己的问题。但是汤姆生气了：他不知道这样做有什么好处，他只想要钱。汤姆的恼怒揭露了他心中隐藏的权利假设：汤姆希望伯特给他 10 000 美元。伯特提出让汤姆以书面形式说明他的问题，这是个合理的要求，但这个要求却冒犯了他。没有任何一家贷款机构会在不提出这个要求的情况下就考虑发放贷款。

尽管不成熟的人很着急，但有时你不立即做出回应，他们的问题会自行解决，这真是很令人惊讶。有时你可能依然在担心着不成熟的人的危机，后来却发现事情已经过去了，他们已经去睡觉了，或者找到了其他人来安抚自己的感受，这一点都不奇怪。要记住，在歪曲的场域的内部看到的任何紧急情况，可能都是被歪曲了的。

请记住，你有权利花时间考虑自己是否真的想要帮忙。你不必让自己受到他人的强迫，在违背自己判断的情况下去帮助别人。

事先决定你愿意付出什么

请提前想好你愿意做出哪些承诺：你会在什么情况下介入，什么情况下不介入？这应该是一套详细的、经过深思熟虑的方案，你应该远在不成熟的人下次请求你帮忙之前就做好准备。在进入他们歪曲的场域之前，你就应该对自己的接受限度有一些想法。

比如说，你也许愿意替他们支付一个月的房租，但前提是你把钱直接交给房东。或者，只有在他们采取行动自助之后，你可能才愿意帮助他们。这些决定应该是由你做出的，你有权利询问他们的情况，而不是仅凭他们的一面之词就接受他们对问题的评估。你可能会建议给他们提供其他形式的帮助，而这些帮助是处于歪曲的场域中的他们所无法看见的。

在另一个例子里，一对老年夫妇花费了数千美元，试图让他们成瘾的儿子改邪归正、找到工作。儿子偷了他们的钱，还不断地向他们借钱。这对夫妇最终选择后退一步，思考自己未来愿意借出多少钱，以及在什么条件下借。他们考虑了可能出现的各种危急情况，然后明确了他们付出的底线。这样一来，当他们的儿子后来提出搬回去和他们一起住时，他们就做好应对的准备了。他们知道儿子的生活方式会破坏他们的退休生活。他们的健康与婚姻更重要。因为他们事先已经把一切都考虑清楚了，所以他们就不再那么容易受到儿子的情感控制或胁迫了。

练 习

为下次做准备

请想一想你生活中的那些不成熟的人，他们经常希望你迎合他们或帮助他们。请列出所有你愿意做和不愿意做的事情，以便为他们下次找你做好准备。从你会毫不犹豫地同意的事情（在他们口渴时给他们一杯水）、你要停下来思考的事情（他们想要你和全家人一起旅行），到你可以毫不内疚地拒绝的事情（他们想要你给他们买一件很贵重的东西，因为他们的朋友有），都应该包括在这个清单里。在所有这些可能发生的事情里，想象并列出你愿意帮忙或不愿帮忙的未来事件。你可能永远都不会遇到这些情况，但这个练习能让你事先考虑清楚自己愿意付出什么。

不拒绝的重要例外情况

我们的态度并不总是像我们想象的那样强硬，你有时可能会做出让步，因为你太疲惫了，或者不知所措，以至于无法表示反对。那也没关系。只要留意自己被控制的感受，给未来的自己提个醒就好。还有一些时候，问题可能非常严重，你觉得不应该说"不"，你可能会施以援手，因为袖手旁观的风险似乎太高了。

在生死攸关的时候，你可能会决定帮忙

涉及生命安全的情况是一个很好的例外，此时你可能会同意帮忙。比如说，一个人决定在寒冬为他脾气暴躁、无家可归、吸毒成瘾的弟弟支付房费，让他住进一家廉价的汽车旅馆，因为他弟弟已经因为体温过低而被送进了医院。他弟弟是个难以相处的人，但他不想让弟弟被冻死。

当对方说到自杀的时候，另一个很具有挑战性的情况就出现了。这是他对事实的歪曲、恐慌，还是他真想自杀？此时风险太高了，你应该采取行动，比如通过报警或寻求其他专业人士的干预来挽救对方的生命。这样，他们就会知道，如果他们再在这种情况下给你打电话，你就会叫警察来保护他们的安全。自杀威胁是最可怕的情感控制。你不能让自己成为唯一努力拯救他们的生命的人。对待自杀威胁，应该像对待劫持人质的情况一样，在这种情况下，真的可能会有人受伤。你不应试图自己来处理这种问题，应该报告给执法部门的专家。

你可能需要考虑无辜的第三方

有时，你可能会为了无辜的第三方而接受不成熟的人所提出的要求。经过仔细的思考，你可能发现你和他们想要的东西是一样的，但原因可能不一样。比如说，斯坦已经成年的女儿莱拉曾多次向他要钱，但她花钱总是大手大脚的。但是，为了 10 岁外孙的安全，斯坦依然同意给女儿买一辆有安全气囊的新车。

你为什么容易受到情感控制

我们可能不愿设置明确的边界，因为不成熟的人会激起我们的许多情绪，让我们去做他们想让我们做的事。你可能会出于以下原因而屈从于他们的情感控制：

- 你因为说"不"而感到内疚
- 你害怕他们会生气
- 你害怕他们的批判和惩罚

让我们来看一看这些恐惧，以及当不成熟的人给你施加压力时，为了保持你的情绪自主，你应该做些什么。

你因为说"不"而感到内疚

如果正常地为自己说话都会让你觉得自己很自私，那么你的自尊很可能已经被不成熟的人"绑架"了。和不成熟的人在一起，你无法在拒绝他们的同时，还让他们觉得你很关心他们。只有在不成熟的人歪曲的世界里才会这样——如果人们想要仔细考虑或者设置边界，他们就会被视作吝啬或冷漠的人。他们受伤的反应可能对你非常有效，因为没有人想做坏人，也没有一个正派的人喜欢被人视作冷漠无情的。

但是，你可以说一些不具有威胁的话，来纠正他们对你的曲解："我没想要刻薄地对你，但是，你是不是觉得，如果别人和你的看法不一样，他们就不够爱你？"或者，你也可以说："我们对此的看法不一样，这是因为我们每个人都对自己的生活负有责任。"

你害怕他们会生气

因为你害怕不成熟的人发脾气，所以你可能会允许他们的情感控制你。他们的情绪反应让你感到紧张，就像人们在熟睡的婴儿身边蹑手蹑脚，或者犹豫要不要对一个大发脾气的幼儿说"不"。不成熟的人控制欲很强，很自恋，如果你不遵从他们的意愿，他们就会被激怒。不成熟的人可能不会做出伤害你身体的行为（他们可能也会这样做），但你会感到愤怒就像火一样从他们身上喷发出来。你觉得他们随时都可能爆炸。

不成熟的人是暴躁易怒的，你最好在安全的情况下与他们设置边界，比如在电话里交谈，而不是当面交谈，或者在附近有人的地方谈话，这样你能向他人寻求支持或保护。当你在和他们谈话时，尽量用不带批评、评判的方式与其设置边界，也不要让他们感受到挑衅。你可以试着说"我知道，我也希望能给你想要的，但这次我做不到"，或者"我不怪你发脾气，但你的要求超过了我的能力范围"。

当然，如果有潜在的肢体暴力危险，你就必须咨询专家，找到安全应对这种情况的办法。

你害怕他们的批判和惩罚

当不成熟的人批判你时，你有时很难确切地弄清自己所做的事情到底哪里不好。他们表现得很震惊，但你不知道自己做的事情为什么如此糟糕。请记住，不成熟的人在思考时，总是带着非此即彼的情绪，也就是说，如果你不完全站在他们那边，他们就可能会把你当作敌人。

许多不成熟的父母的成年子女都对批判和惩罚有着强烈的、非理性的恐惧。这种对惩罚性评判的恐惧可能来自不成熟的父母、哥哥姐姐、老师或任何其他权威人士。当这种儿时的恐惧再次出现的时候，你会害怕，就好像看不见希望了，会立即遭受打击。当这些对惩罚的恐惧被触发时，你会想：我要死了，事情永远都不会好起来了，我彻底完蛋了。

比如，我的来访者贝琪有时会在半夜惊醒，心脏怦怦直跳，觉得好像有什么可怕的事情要发生在她身上。她一直生活在对权威人士的恐惧之中，这个人可能是她的老板，他就像老鹰一样盯着她，等待着她犯错。在她小时候，她那道德标准极高的父母曾经对她严加批判和惩罚，这让她在家里从来都没有安全感。父母经常惩罚贝琪，而她甚至连自己哪里做错了都不知道。在贝琪的童年记忆里，只有在听到母亲的吸尘器声，或者母亲在打电话的时候，她才会真正感到安全，因为她知道，那时候她不会受到惩罚。

批判有一个好处，那就是你必须认同它，你才会感觉糟糕。他们可以批判你，但只有你自己才能决定是否感到内疚。
只要你不认同不成熟的人的看法，你就可以跳出他们歪曲的评
判。你可以拒绝接受他们的批评，在他们对你的评价和你对自
己的准确认识之间做出区分。记住，仅仅是不成熟的人觉得某
件事是怎样的，并不一定意味着事实的确如此。应该由你来定
义自己，而不是他们。如果你觉得不公允，就拒绝他们的批
判吧。

我们所有人有时都会受到不成熟的情绪的控制，这让我们感
觉很糟糕，为了不感到伤痛或恐惧，我们会切断与自己的情感联
结。不幸的是，出于自我保护而切断联结，会让不成熟的人的消
极歪曲信念控制我们的思想和心灵。

解离反应：为什么你想不出来该说什么

现在，我们换一个话题，看看你和自己的感受失去联结是如
何助长不成熟的人的情感控制的。解离（dissociation）是你在
心理层面上与自己分开的现象。解离会让你的内心冻结或收缩，
甚至让你觉得与自己的身体分离了。

大多数人只在多重人格患者的故事里听说过解离，其实，解
离是一种自然的防御，任何让你与自己的意识体验保持距离的防
御形式都是解离。这是一种原始的情感逃避，也是一种针对威胁
或危险的常见心理防御方式，在生活在不安全环境中的儿童身上

尤其常见。你可以把解离想象成一个自动关闭的阀门，它不能解决问题，但能让你从情绪上脱离困境。

从与自我的联结中解离（或分离）出来，会让你变得被动，使你陷入不成熟的人的情感控制之中。不幸的是，这种"自我断联"会变成一种高度自动化的反应，你甚至可能都不知道自己在什么时候会陷入这种状态。

解离状态及其根源

进入一种解离的、失去联结的状态，正是我们应对紧迫危险的一种本能反应。动物在意识到掠食者距离太近，自己逃跑无望时会出现装死或僵化的反应，我们的解离状态就与动物的这种反应有关。当解离状态出现时，你可能会感到一种眩晕的感觉，一种恍惚的状态，以及一种空虚感和失去主动性的感觉。你不知道该说什么，该做什么。每个人都很熟悉这种"死机"的状态，我们把这种反应称作"车灯前的鹿"（deer-in-the-headlights reaction）。

在承受极端压力的情况下，解离性的断联有时会让人们觉得好像离开了自己的身体，好像他们正待在自己的躯体之外或者在躯体上方漂浮，旁观发生在他们身上的事情。这是一种常见的创伤反应，这表明任何人都可以很容易地与自己断开联结，在这种时候，他们虽然保持着清醒，却无法采取行动。

解离能将我们从无法承受的创伤性痛苦、伤痛和丧失中拯救出来。有时，远离自己，什么都感觉不到，反而是一种福气。比如，某些形式的自我断联能帮助受伤的人坚持为生存奋斗，不受痛苦的干扰。同样，失去亲人的人可以进入麻木、封闭的状态，以面对这种难以想象的丧失。过度使用精神麻醉物质的人可以人为地诱发解离状态，抛开自己平常的意识状态，忘记自己的感受。

这种解离机制能让你的大脑一片空白，让不成熟的人在情绪上控制你。当你不知道如何回应伤人的话语和不合理的要求时，可能就产生了轻度的解离。你正处于一种轻度的震惊状态，无法思考。

如果你是由情绪起伏不定的不成熟的父母抚养长大的，你就会熟知解离的行为。你可能需要切断与自己的感受的联结，以便应对脾气暴躁或在情感上抛弃你的父母。一旦孩子发现自我断联能够消除痛苦，他们就会将其用于应对越来越小的威胁。一段时间之后，他们就会对自己的内心体验感到陌生，他们不仅会切断自己与恐惧和伤痛的联结，他们所有的感受都会变得迟钝起来，以至于生活本身都会变得有些不真实。

为什么不与自己失去联结很重要

一旦你进入了自我断联的状态，就无法在当下做出选择了。因此，学着发现并防止解离是至关重要的。以下是防止解离的步骤。

（1）不论发生什么，都要与自己保持联结。

（2）当你开始感到恍惚的时候，要立即振作起来。

（3）在应对问题时，要不断地思考主动的做法。

当你难以远离不成熟的人时，例如在家庭活动中的时候，你很容易放弃自我觉察，随波逐流，直到你能摆脱他们为止。但是，与自己失去联结，恰恰说明你在面对他们的时候是无能为力的（实际上你是有力量摆脱他们的控制的）。从长远来看，这样会让你变得无助且无能。

布伦丹的故事

布伦丹寡居的母亲每年都来看望他，布伦丹对此很是害怕。他告诉我，他已经学会在母亲一到他家时，就把自己"藏起来"。从小到大，在他那爱挑剔、爱干涉、控制欲强的母亲面前，他似乎只能用这种被动的解决方法来保存自己的个性。与受到母亲猛烈的批评相比，与真实的自我断开联结的感觉要更好受一些。在布伦丹小的时候，向母亲表达自己的感受只会招致嘲笑、拒绝，或者被赶出家门。

但是，布伦丹的退缩和疏离是有代价的：每当母亲来看他的时候，他都觉得自己进入了一种"假死"的状态，母亲一离开，他就会对垃圾食品和酒精产生强烈的渴望。布伦丹采取的是一种对自己不利的方法，他让自己变得"空空如也"，这样他就不会成为母亲情绪打击的靶子，然后在母亲离开后，通过暴饮暴食来补充能量。进食和喝酒是受他控制的体验，与母亲不一样，这些体验一定会给他一些回报。

布伦丹改变与母亲关系的第一步，就是不再与自我解离，不再始终关注母亲。我鼓励他与自己的真实想法和感受保持联结，在面对母亲以自我为中心的行为时，要主动，而不要被动。渐渐地，布伦丹开始打断母亲单方面的"谈话"，而不是麻木地听她说。当他感到有些恍惚的时候，他会突然改变话题，站起身来，走到外面，或者用其他方式打断他们的交流。布伦丹正在学习如何中断与母亲的交流，而不是断开与自己的联结。

当布伦丹不再与自己失去联结之后，他就更能够主动为自己着想了。当母亲对布伦丹的工作提出不受欢迎的建议时，他解释说自己不需要建议，只希望母亲理解并倾听。当母亲打算待上一周时，他把这个时间缩减到了两天。布伦丹也学会了用不同的方式来回应对母亲的批评，他不会再试着走神，而是会直接说："等等……等等……让我想想你刚才说的话。"这样，他就打破了自己解离的习惯，给了自己一些时间，去体会母亲给自己的感受，并且把这种感受告诉母亲。他可能也削弱了母亲自身的解离性特质。在很多情况下，不成熟的人会唠叨不止，这也是他们的一种解离形式，他们会通过这种方式来让自己与不愿去想的深层情感隔离开来。

就像布伦丹一样，你也可以在与不成熟的人互动时，主动保持清醒，保持与自己的联结。这种方法值得练习，因为一旦你停止解离，与自己保持联结，你就不会再那么容易受到情感控制的影响。在第 7 章，我们会探讨更多重获自我联结的方法和技术。

○ ○ 总结 ○ ○

在这一章里，我们探讨了如何发现并抵制不成熟的人所采用的情感控制策略。你了解了他们歪曲的场域，以及他们是如何利用自己的紧迫感来获得你的帮助的。现在，当你感到自己不得不做的比愿意做的更多时，你有权花时间来仔细考虑解决问题的方式。现在，当不成熟的人夸大自己的问题时，你已经能够看清他的所作所为了，并且能够自觉、主动地拒绝让你感到不舒服的要求。与此同时，希望你也能够意识到不成熟的人的紧迫压力，认识到他们的愤怒、批判能让你与自己失去联结，导致解离。你也学到了在面对任何可能让你与自己解离的情况时，掌握主动权，为自己采取行动有多重要。

第5章

如何在与父母的互动中设置边界

与不成熟的父母互动会让你觉得自己笨嘴笨舌、受人控制、无能为力。在不成熟的人身边时,你总是感到很匆忙,好像你花时间思考就会激怒他们一样。

与不成熟的父母互动会让你觉得自己笨嘴笨舌、受人控制、无能为力。如果你是由不成熟的父母抚养长大的，那你可能没有学过应对情感胁迫与剥削的技巧。但是，现在你已经长大成人，能够用新的方式做出回应了。在这一章里，你会学习如何设立边界，免受不成熟的父母的控制。

请务必根据你的人格风格来运用这些新技巧，这样你就可以待在舒适区内。有些自信的技巧可能会让人觉得很极端，似乎要求你有一个全新的人格。过于生硬的自信技巧可能会让你感到不舒服，即使你能够运用，也可能会在用过一两次之后就再也不想用了。比如说，断然拒绝和直接说"不"对有些人有效，但这可能不是你的风格。你可能更愿意道歉、提出异议，用更为讨喜的方式处事。即使你天生就是一个犹豫不决、乐于助人或温柔的人，下面的技巧也依然是有效的。你最终在与不成熟的人打交道时得到了自己想要的结果，这才是最重要的。

让你的技巧更有效的行动指南

首先，我们来看看一些基本的提示，它们会让这些技巧变得更有效。

你不必着急

你可能已经注意到，在不成熟的人身边时，你总是感到很匆忙，好像你花时间思考就会激怒他们一样。因为他们对延迟的容忍度很低，所以他们总是催促孩子，并且让每个人都紧张不安。因为他们太过关注自身，缺乏同理心，所以他们不知道为什么别人不能立即给予他们自己想要的东西。

人们很容易屈服于他们的紧迫感。多数人在匆忙的时候都会不知所措，这就为不成熟的人进行情感控制打开了方便之门。不知不觉间，你就会强迫自己尽快满足他们所有的要求。一旦你开始催促自己，不成熟的人就能很容易地掌控你的情绪状态。

慢慢来，不要着急，这样能够防止情感控制，因为在这种状态下你能够与自己保持联结。在面对不成熟的人时，你能说的最能够保护自己的话就是"我需要一些时间来考虑一下"。不成熟的人讨厌这句话，因为在他们看来，完全没有必要浪费时间去思考。他们不明白，为什么不能通过告诉你应该怎么想来加快事情的进展。

不要答应按照他们的时间安排来做事。你需要时间来考虑自己愿意做什么，不愿做什么。如果你催促自己，你就会在缺乏自我觉察的情况下盲目向前。那样的话，可以肯定的是，你最终会为不成熟的人的需求服务，而不会照顾自己的需求。

弄清楚你想要的确切结果

请重点关注你希望与不成熟的人的每一次互动都得到什么样的结果。让你的行动朝着你想要的结果努力，不要担心不成熟的人想要什么。如果你心里没有一个明确的结果，不成熟的人就会用他们更为僵化和固执的方式，自然而然地控制你。

明确你想要的结果，能让每一次互动都有必要的结构和方向。互动的结构能让你牢记自己的目标，这样，即便不成熟的人再怎么坚持，你也不会忘记什么对你来说是重要的。

为了弄清楚你想要的互动结果，可以问问自己下面的问题。

- 如果我从这次互动中得到了我想要的东西，那会是什么样子？

  （也许你给他们设置了边界，并且只答应做自己真正想做的事。）
- 我所考虑的结果是在我的控制范围之内，还是取决于他们？

  （请选择一个你能够实现的目标。）
- 我是否执着于让他们做出改变？

  （如果你希望他们有所改变，那还是另选一个在你能力范围内的结果吧。）
- 在这次互动中，我的目标是内在的成长，还是做出不同的行为表现，还是两者都有？

  （你可以通过觉察自己的感受来促进自己的成长，或者通过在有异议时说出自己的想法来尝试新的行为。）

在互动之前回顾这个问题清单能让你保持专注，这样你就不会在互动中答应你并不同意的事情。为了避免产生遗憾，你应该把自己想要的结果放在第一位。

不要太在意那些不成熟的行为：坚持自己的想法

不成熟的人喜欢告诉你应该做什么，哪怕应该由你来做这个决定，他们也毫不在意。为了避免这种不必要的压力，你可以这样做：如果你愿意，你可以认可他们的反对意见（"啊哈""我明白""嗯"），但不要太在意。先听上一分钟，不要做明确的表态，保持轻松的语气和亲切的微笑，然后重申自己想要的结果或自己打算做的事情（Smith，1975）。如果遭到了抗拒，不要大惊小怪，一直重申自己说过的话就好。这不是一种神奇的技术，但就像河水能磨平岩石的棱角一样，这种方法是有效的。

你不会与对方争论，因为你不接受这样的前提：你的喜好是一件需要争论的事情。你已经做出了自己的决定。争论意味着这是不同意志之间的合理较量，而我希望这不是你的目标。通过简单地重申自己的决定，你提醒了不成熟的人，现在同时存在两种不同的观点，因为（以免他们忘记了）你们是两个不同的人。

薇姬的故事

今年薇姬不打算像以往那样去父母家吃感恩节晚餐了，因为她和丈夫要去男方家过感恩节。当母亲莫琳再次提起感恩节时，薇姬说今年她可能另有安排，她决定以后就会告诉母亲。

薇姬已经知道自己要怎么做了，但她给了母亲一些时间，她在拒绝之前，先给母亲打了个"预防针"。薇姬开始感到有些害怕，但她立即提醒自己，不要太在意母亲的情绪。薇姬知道莫琳歪曲的场域（太不像话了，你应该先考虑我）火力全开的样子，她提醒自己不要因为母亲没能得到自己想要的东西而怀有负罪感。

面对莫琳的"狂轰滥炸"，薇姬一直保持着微笑，不以为然。她不断地重申自己的计划："你说的没错，妈妈，今年是不一样了。我知道你想让我们来，但今年不行。"这种重复是一种简单、诚实的方法，它能帮你坚持自己的立场。

薇姬唯一需要做的，就是轻松愉快地反复说出同一句话，直到母亲不再那么频繁地提起这件事为止。注意，我没有说"直到母亲再也不提这件事为止"。你不能指望不成熟的人放弃追逐自己想要东西，但你可以让他们通过纠缠不休得到的回报变少。

贾迈勒的故事

贾迈勒刚刚工作一年就打算辞职，他准备跳槽去一家看起来更有趣的初创公司。他那强势的父亲听说这件事之后，大发雷霆。父亲警告贾迈勒，说他是在犯傻，因为这会让他的简历很难看。贾迈勒说："你说的可能没错，爸爸，但我不想放弃这个机会。"虽然父亲不断地与贾迈勒争论，但他只是不断地重复："你可能是对的，爸爸，但我觉得事情最终会好起来的。"

与不成熟的父母打交道的五种有效技能

为了有效地应对不成熟的父母，你可以做五件事来让你免受他们的情感控制与歪曲信念的影响。

（1）放弃"拯救者"的角色。

（2）圆滑一些，避其锋芒。

（3）引导互动的走向。

（4）为自己创造空间。

（5）制止他们。

放弃"拯救者"的角色

许多不成熟的父母的成年子女都觉得自己必须做父母的"拯救者"或"守护者"。这是我在上一本书《不成熟的父母》（Gibson，2015）中描述过的内化类型（internalizing types）。内化者往往很敏感，洞察力强，经常把同理心看得比自己的喜好更重要。他们把所有事都放在心上，可能会在自己不该承担责任的时候包揽责任上身。内化者甚至会在不成熟的人还没有提出要求的时候就匆忙介入，替他们解决问题。这种过度的责任感是一种依赖共生（codependency）（Beattie，1987），也就是说，你通常会在别人没有要求的情况下，就把别人的问题当作自己的问题，试图以这种方式来感到自己是可爱的、有价值的。最终，你对他们生活的关注，会比对自己生活的关注更多。

圆滑一些，避其锋芒

圆滑是一门艺术，即避开不成熟的人强迫你做他们想要你做的事情。当不成熟的人陷入胁迫模式中时，回避他们比直接拒绝更有效。

当不成熟的人试图控制你时，他们会给你施加压力、唠叨、与你争论，他们这样做是为了试探你的反应，这样他们就能与你对抗了。他们的潜台词是：乖乖听话，认可我的观点，扮演好你的角色，让我赢。但是，你可以不陷入这种挣扎，你可以停下来，给自己一个自我觉察的时刻，为自己赋能，然后简单地说一句"我不确定"或"我现在真的不能回答这个问题"。

如果不成熟的人试图与你争论，那么你可以安然地深吸一口气，避免与他们争论："我现在对此没什么想说的。"对于看似错误或疯狂的提议，还有一种圆滑的反应，那就是发出不含明确态度的声音，比如"啊哈""嗯"或者"啊"。圆滑是一种有效的策略，因为此时你们之间没有产生摩擦，而你也尽量减少了对抗性的反馈，这让你显得不那么像他们的对手。

你可以把这个技巧想象成是绕过一个障碍，而不是把自己变成靶子。因为对方不够成熟，所以他们无法与你展开公平的较量，与他们对抗只会招致肮脏的诡计和毫不相干的话题。他们会让你疲惫不堪，让你忘记自己想要的结果。如果你参与了这场意志的较量，他们就可能会获胜，因为他们以自我为中心的争论会让你的大脑筋疲力尽，而你还一直在试图理解他们毫无逻辑的反应。

试着认同他们的感受。认同不成熟的人的感受，是一种非常巧妙的回避手段。在使用这种方法的时候，必须要真诚，不要把这种方法作为操纵他人的工具，否则就不会有效。如果你带着讽刺或挖苦的语气，只会增加你对他们的情绪反应，而不是减少情绪反应。

你必须从情绪上与他们分离开来，接纳他们有权利拥有自己的感受，就像你也拥有同样的权利。你不必评判他们的感受，你也不必做他们想要你做的事。你知道一旦事情不如意，不成熟的人就会生气，你也不要因为他们不高兴而改变自己的想法。

当不成熟的人开始批评或指责你的时候，你可能很难做到这一点。如果你和他们硬碰硬，摆开防御的架势，这就像挺起胸膛准备挨上一拳一样。相反，你可以借鉴一下武术中的智慧，最高级的技术是知道什么时候应该向侧方让步，让对手的力量带着他们向前，最终让他们失去平衡。打个比方，你也可以侧过身去，看着他们的情绪从你身边飞过（"妈妈，我猜你现在很生我的气"或"爸爸，我知道你觉得我犯了个错误"）。

和善的微笑和富有同情心的点头能让你圆滑起来，并且变得更专注、更善于观察。在气氛尤其紧张的时候，说出这样的话是很好的："可能的确是这样的，妈妈。你可能是对的。我要做的事，就是尽我所能。"

引导互动的走向

当你在和不成熟的人互动时，不论对方是父母还是其他人，你都是在与缺乏灵活性和同理心、不能容忍沮丧的人交流。他们会使用一些僵化的防御方式，包括高度的控制、批评和消极态度。但他们的情绪反应也会给你机会，让你能够引导互动，使互动朝着你想要的结果发展。

比如说，在和不成熟的人交谈时，他们往往只关注自己，并且带着很强的刻板印象，谈论只与他们有关的话题。你有没有发现，他们在对话中抛出的话题有多少？你有没有发现，他们很少问起你的情况？他们对于发现和了解与他人有关的事情不感兴趣。你可以让话题变得丰富起来，进而不让对话总是那么无聊。

你可以引导对话，并增加对话的深度。如果你从小与不成熟的父母一起长大，你可能永远都不会知道如何插话，将谈话引导向你更感兴趣的话题。作为一个孩子，不论父母想说什么，你都觉得自己的职责就是担任听众。

但你现在已经长大成人了，你可以承担引导对话的角色。你可以改变话题，改变消极的想法，消减恐惧，或者通过问问题来打断对方自顾自的独白，进而改变谈话的走向。做好朝着其他方向引导对话的准备，你就能创造出自己更喜欢的互动体验。

你可以通过问这样的问题来表达你的好奇："是什么样的经历让你产生了这种感觉？如果发生了这种情况，你觉得事情在哪些方面会变得更好？这样做会有什么负面影响呢？我在想这样会不会带来什么意想不到的后果。你有什么想法吗？"

你也可以说这样的话来鼓励对方进行思想的交流："有些人不同意这一点。他们会说……你对此有什么看法？"他们依然会滔滔不绝，自说自话，但你现在能让对话变得更丰富、更有趣，而不是被动地被他们的话题牵着走。不成熟的人原本会在互动中占据主导地位，迫使你担任被动的角色，而你现在变得更加积极主动了，这对你来说是一种天然的自我肯定。

你可以提出更丰富的话题。由于不成熟的人总是带着刻板印象思考，因此他们会陷入无法摆脱的对话模式里，即便他们想要跳出来，也无能为力。他们自我关注的僵化思维限制了他们能想到的话题。他们在心底可能也希望有人能带领他们走出盲区。

你可以问问他们最喜欢的电视节目和电影，了解一下他们为什么喜欢这些。你可以问他们发现的最佳购物场所、他们喜欢的事物以及任何他们感兴趣的东西。这不是在违背自己的意愿，而是在引导对话的走向。你可以有意地主动发言，而不是陷入被动和解离的状态里。

在不成熟的人说了一会儿话之后，你可以通过插话来转移话题，比如，你可以说"我有个想法"，然后简要地分享一下你的想法，然后说"你觉得呢"。如果你觉得这听起来像是基础的、笨拙的对话技巧，那是因为的确如此。但是，这正是他们不擅长的事情。

我们通常很难当场想出如何改变话题，所以要提前做好准备。你可以利用像"话题表格"这样的游戏来帮助你，在对话开始之前选几张合适的话题卡片放在口袋里是个很好的主意。当不成熟的人让你感到神情恍惚、大脑麻木的时候，这些卡片能帮你想出打破僵局的办法。有关家族往事、童年（你的童年或他们的童年）以及鲜为人知的亲戚的问题都很有趣，也许你以后会很高兴自己问了这些问题。

如果不成熟的人滔滔不绝地谈论你已经听腻了的事情，你可以打断他，并且说："请原谅我打断一下，我知道这有点跑题，但我一直想问你……"然后拿出你准备好的、你真的想知道的、有关他们自身或他们往事的问题。主动邀请他人来参与讨论，也是打断不成熟的人的独白、让你喘口气的另一种方法。

通过这些方式，你能主动地让对话变得更活跃、更具有互动性。他们可能不会听从你的意见，但如果你提问题，他们就更有可能听见你的声音。在此需要重申一次，我们的目标不是改变他们，而是引导互动，让互动变得更有趣，这样也能让他们变得更有趣，让你更喜欢他们。

引导互动不存在谁压倒谁的问题，这只是在让我们都走上一条更有成效的道路。我们不会允许孩子在每次谈话时都发表长篇独白，也不会总是由我们来决定要谈论什么话题。同样地，让不成熟的人拥有那种排他的、不合理的社交权力，也是一件不好的事情。

为自己创造空间：情绪脱离、设置边界或者离开

在与不成熟的人见面之前，你就应该考虑如何为自己创造一些健康的空间。这是很有必要的，这样你就不会失去与自己的联结，也不会被困在他们的独角戏里。

脱离与保持距离的方法

有时，你最不希望怂恿不成熟的人做的事情就是谈话。你可

能更喜欢在情感上与他们保持一定的距离，因为不成熟的人喜欢支配、批评、羞辱或讽刺。

幻想。我的一个朋友发现，每当她走进母亲的家门之前，花一些时间来想象自己周围有一个坚不可摧的玻璃钟形罩，会让事情变得更好。在我朋友的想象里，她母亲说的任何消极话语，都会像鹅卵石一样被玻璃罩弹开，不会给她造成任何伤害。

在母亲家的时候，她也会把母亲的批评转换成她愿意听的话，以此来自娱自乐，这是她从一个搞笑视频里学来的办法（Degeneres，2017）。例如，母亲在见面时对她的外表表示了不满（你为什么把头发剪短了），这位朋友假装母亲说了一些好听的话，比如"我真高兴你来了！见到你真好"，这种反差让我的朋友笑了起来，一切都变得轻松了许多。

赞扬。我的这位朋友为了在自己与母亲之间创造更为融洽的空间，选择了赞扬，这是她的另一种方法。尽管赞扬看上去不像一种情绪脱离的方法，但赞扬的确有这种效果。赞扬会让你主导互动的过程，并能奇迹般地调控好不成熟的人的情绪。你可以赞扬任何他们引以为傲的事情。不成熟的人会从赞扬中获得情感的满足，而不是从你身上获得满足，这是最好的结果。

迅速行动。如果你觉得自己需要一些喘息的空间，迅速行动起来是很重要的。如果你感到疲劳或坐立不安，就马上休息一下，否则情感不成熟的关系系统就会让你进入精神恍惚的状态，让你在很长一段时间里都难以找回自己。

在与不成熟的人相处的过程中，如果你开始感到仿佛被他们困住了，或者被他们弄得筋疲力尽，就应该立即中断互动，并且说一些这样的话："哦，不好意思，我得去趟洗手间""哎呀，我觉得我该去睡个午觉了""嘿，抱歉，我有点儿困了，我得出去呼吸一下新鲜空气，一会儿就回来"。

请注意，你在这些例子里用了一些引导词来打断他们滔滔不绝的讲话，比如"哦""嘿""哎呀""不好意思"。这些不起眼的词就像你在他们控制性的独白中插入的小小楔子，它们打破了他们的自言自语。

当你更擅长引导对话时，你可能就觉得没必要再用这些借口来逃避了。但是，当你刚开始学着为自己创造空间时，这些都是让你重新掌控局面的好方法。一旦你为自己创造了一些空间，就要保持住这些空间，直到你觉得能够掌控互动、不再受到束缚为止。

确保你有一个可以休息的地方

如果你有能力离开，那么待在不成熟的人的家里通常不是一个好主意。当你待在他们的家里时，你会有一种奇怪的感受组合：既受到忽视，又感到疲惫。在这些人身边时，想要与自己保持联结可能会很累，因为他们把你当作一个听众，而不是一个人。

由于不成熟的人会耗尽你的精力，因此，即便是短期的拜访，你也必须找一个休息的地方，以便恢复精力。住在酒店或旅馆里是与家人共度时光的最佳方式，这样你就不必 24 小时都守在不成熟的人身边了。告诉他们你有工作要做也是一个很有效的办法。

有个休息的场所是必要的，因为这样能让你控制自己接触他们的时间（爸爸，今天很愉快，但我觉得我得在晚饭前回酒店休息一下）。不成熟的人无法拒绝你的生理需求，对他们来说，这比你试图解释他们的行为给你带来的感受更好理解。

比如，当詹姆斯到另一个州去参加家庭聚会时，他每天都会计划与伴侣一起散步、去乡下开车兜风、看电影、购物，这样他们就可以远离家庭中的动力与压力。他们会在亲戚的行为里寻找笑料，对当下的情况开玩笑，以便更清晰客观地看待发生的事情。每当有人做了不考虑他人感受的事情时，他们就会给对方偷偷地使个眼色，他们知道自己可以在之后聊这事儿。如果你不严肃对待情感胁迫，常常给自己休息的时间，情感胁迫就无法控制你。

另有一位女士，在每次拜访家人的时候，都会给好朋友发短信。她一有机会就会走开，给朋友发短信，用各种幽默的表情描述刚刚发生的事情。当父亲抱怨她总是在玩那该死的手机时，她笑着说道："我知道，我真是很抱歉！"

我猜有些人会说，这些托词不够坦诚，对一段真诚的关系是没有好处的。但是，在建立一段更为真诚的关系之前，你必须先用一种更主动、更有意识的方式来保护自己。在第 10 章，我们会着眼于探索如何更加真诚地对待不成熟的人，在此之前，我们最好先学习一些自我保护措施。

限制与不成熟的人相处的时长

不论你给予不成熟的人多少时间和关注，他们都会觉得不满足。如果你完全听从他们的要求，那么当他们平静下来时，你会感到情感被耗竭。

因此，你要提前明确，在自己开始神情恍惚之前，能够忍受与他们相处多长时间。时间到了之后，就伸伸胳膊，打个哈欠，然后说"抱歉，我开始犯困了，我得走了"，或者"我得活动活动腿脚"，然后就站起身来。如果你心里觉得舒服，可以拍拍他们的手，或者稍微捏一下他们的肩膀，与他们保持友好的关系。

如果他们开始抱怨，或者想知道你为什么总是这么累，你可以说："我知道，真奇怪，是吧？也许我有睡眠呼吸暂停综合征。"事实上，在以自我为中心和忽视情感的不成熟的人身边待着的确很累人，那时你可能真想打个盹。这很公平，如果他们要说话，你就要休息。

不成熟的人不知道他们说了多长时间，也不知道他们让谁付出了代价。例如，米歇尔很害怕接到大学室友的电话，因为她们之间已经没有什么共同点了。在听室友说了很久之后，米歇尔结束了这段对话。室友似乎很惊讶，她说道："哦，可是我能跟你聊上一整天！"米歇尔心想："没错，那是因为只有你在说话。"还有一位女士说过，她告诉母亲，打了一个小时电话之后，她就要挂断，她母亲听了之后相当不满："你总是没有时间讲话！"

如果你总是接到不成熟的人的来电，对方还经常说个没完没了，那么你可以用语音信箱来保护自己。你可以通过短信或邮件来回应他们的电话（没接到你的电话，有什么事吗），这是另一种限制相处时间，让交流保持在重点上的方式。没有人有权利根据自己的时间来随时找你。你可以在自己方便的时候回电话，最好是你马上就要去别的地方的时候。

每当不成熟的人向你大倒苦水，倾诉自己的不快和抱怨时，你可以说："哦，你很难过。听着，等你好些了我再打给你吧。"记住，你的做法不一定要很合情理，只要能让你摆脱控制就好。如果不成熟的人指责你或者与你争辩，你可以不置可否地说"哦，我不确定"，或者说"我理解你，但我们不一样，不过这没关系。我现在要走了"。

当你第一次拿起电话的时候，最好设定好边界："哦，嘿，哥们儿。很高兴接到你的电话。我有 10 分钟左右的时间。有什么事儿吗？"如果不成熟的人想说一些让你内疚的话，比如"你总是匆匆忙忙的，我们总是没机会说话"，那么恰当的回应是对他说"我现在有 10 分钟。有什么事吗"。

顺便说一句，你应该说"有什么事吗"，这句话会暗示对方说重点，而不是通过问一些关切的、开放式的问题，鼓励他们说得更多，例如"怎么啦"或者"你想告诉我什么"。这不是无礼，实际上，提前让别人知道你有时间做什么是有礼貌的。

你可以拒绝谈论某些话题

莱克茜不喜欢听母亲乔安妮谈论亲戚。有一天，莱克茜告诉乔安妮，她再也不想听母亲说别人的闲话了。乔安妮觉得受了冒犯，于是为自己辩护，她告诉莱克茜："好吧，如果我不能跟你说，那我还能跟谁说呢？"莱克茜意识到，这不是她需要解决的问题，她告诉乔安妮，她很乐意谈谈别的话题。从那以后，每当乔安妮开始抱怨亲戚的时候，莱克茜就会打断她："妈妈，我得挂了。"然后就挂掉电话，不多做解释。有时莱克茜会直接挂断电话，或者假装电话信号不好。一段时间以后，在母亲刚开始抱怨的时候，她就会说"哦，对了，你不想聊这个……"，然后开始聊别的话题。这也说明坚持对于不成熟的人是有效的。

采用适合自己的风格

莱克茜允许自己突然终止谈话，挂掉电话。没有漫长的道别，没有温和的铺垫，她就直接挂掉了电话。与莱克茜不同，奥黛丽是一个对人更友善的人。比如，当奥黛丽觉得母亲让她筋疲力尽时，她就会打断母亲，和蔼地说道："妈妈，我真的很抱歉，但我现在得挂了。我晚点再打给你。"

不论是突然还是温和，两位女士都成功地保护了自己，减少了母亲的控制。莱克茜和奥黛丽都完成了挂电话的目标，但她们采用的是适合自己的方式。

突然挂掉电话可能会显得粗鲁或刻薄，但事实并非如此。不成熟的人缺乏同理心，所以不论你发出多少委婉的信号，暗示你已经受够了，他们都会视而不见。你有权利结束谈话，就像他们有权利继续谈话一样。此外，如果你知道自己能随时结束对话，那么你在之后可能会更愿意倾听。设置边界对你们的关系来说是一件好事。这意味着你是在做一个主动的参与者，而不是做一个被动的听众。

直接离开

大多数不成熟的父母的成年子女都被训练要么等着父母结束互动，要么被指责为不礼貌或缺乏尊重。不成熟的父母往往不愿意让孩子拥有情绪的空间。(我跟你说话的时候你要看着我！)他们当然也不允许孩子说他们什么时候受够了。这是不成熟的父母的孩子所接受的被动训练的一部分。他们应该默默忍受(或者进入解离状态)，直到不成熟的父母说完为止。在有些情况下，不成熟的父母不会让你有机会说自己受够了，此时离开并不是懦弱或粗鲁，这只是一种设置边界的方法，不会伤害任何人。

除非我们是囚犯，否则我们总是可以离开的，而且我们不必顾及体面的问题。事实上，让自己有些不可预测，也不是一件坏事。

萨姆的办法

萨姆让他的家人习惯了他的迟到早退。当他去拜访家人的时候，他总是心情很好，但他随后就会站起身来，离开桌子，说："今天过得很开心，但我得走了。"然后友好地挥手："再见了，大伙儿!"萨姆发现，当他知道自己可以随时离开的时候，他反而更喜欢去看望家人了。

当他刚开始这样做的时候，家人非常吃惊，问他为什么这么快就走。他过去总是找一些借口，比如"我真的很累了"或者"我吃得太多了"。一段时间之后，他不再找借口了，而是直接说再见。他没有把这当成什么大不了的事，他在道别的时候总是轻松愉快，家人也逐渐接受了他的风格。如果他们抱怨萨姆迟到了，他会表示认同，说："我知道，我做什么都会迟的。"一段时间之后，当萨姆要离开时，家人通常只会翻翻白眼，然后有人会评论道："这就是萨姆。"

你可以切断与他们的联系

如果不成熟的父母不肯尊重你的边界，或者他们的行为对你的伤害太大，那么你可以根据自己的需要，选择切断与他们的联系。有时候，如果不成熟的人让我们筋疲力尽，或者与他们的交流变得太过有害，那么我们可能需要与他们暂时断开联系（Forward，1989）。如果你们的互动总是令人很痛苦，那么你可以与他们保持一定的距离，直到你感觉自己足够坚强，不会被他们压垮为止。如果不成熟的人有虐待倾向，那么远离他们可能是唯一能够保护你的选择。在极个别的情况下，有些人会出于充分的理由，决定与不成熟的人完全断绝联系。

但是，疏远是有代价的，所以你必须衡量一下分离的代价。断开联系是为了让你变得更有力量，这样即使你和他们有一些联系，也能远离他们的控制与支配。如果你决定只与他们保持很少的联系，那么简短的电话、邮件、短信，或者短暂的拜访，都可以在很长一段时间里作为可控的联络形式。

当你在考虑与他们切断联系的时候，问问自己会不会后悔。这是一个真正的考验，你的决定应该建立在这个考验的基础之上。有时，与他们保持联系会令你极度痛苦。有时，你们之间能拥有的最好的关系，就是保持距离。

制止他们

我们来看看，当不成熟的人虐待你时，你应该怎么做。如果他们的行为缺乏尊重，但没有对你的安全造成实质性的威胁，你可以准备好制定一个新的"规则"。了解他们典型的不尊重行为后，你可以事先做好计划，决定做出何种反应，然后再进行演练，直到这种反应变成你的本能。虐待行为会让大多数人措手不及，如果你没有做好回应的准备，你就可能会不知所措。如果你能立即做出反应，你就能出其不意，打破不成熟的人压制你的意图。你可以制止他们的行为，并宣布以后交往的规则。

我们现在来看一个为欺负孩子的父母设置边界的例子，在这个例子中，父母的行为不太可能升级为进一步的暴力。

莉萨的故事

尽管父亲脾气暴躁，莉萨还是决定一直邀请他来家里度假。后来，在一年的感恩节，她父亲扇了她八岁的儿子博比的后脑勺，因为博比在没有请求允许的情况下，就从储藏室里拿零食吃。莉萨火冒三丈，因为她想起了自己遭受这种虐待的经历。她对父亲大喊："爸爸！我保证，如果你再做这种事，你就再也别想见到我们了！"她也可以这样说："爸爸！在我们家里不许打人。如果你再这样，我们就不会邀请你来了。跟博比道歉。"

这位父亲不仅认为他有权在自己家为所欲为，而且有权在别人家为所欲为。对于这样的父亲，莉萨的激烈反应是必要的。莉萨有权告诉父母该何时回家。但是，如果莉萨害怕父亲做出真正的暴力行为，她就不应该这样与他正面冲突。相反，她应该努力缓和事态，保证安全，包括在必要的时候悄悄报警。事后，她可以通过电话或邮件，安全地解释为什么不邀请他们再来。

如果不成熟的人有暴力倾向，你在做出应对时应注意安全

对于有潜在暴力倾向的不成熟的人，设置严格的边界或制止他们可能会让事情变得更糟，这取决于他们当时的情绪状态。当对方怒不可遏的时候，坚守自己的立场可能会让你陷入危险。此时最好征求专家的意见，并且听从自己的直觉，决定如何最好地度过危险，以便在之后与此人保持安全的距离。在这种情况下，正确的目标是在不受伤害的情况下渡过难关。一旦远离了

不成熟的人，你就可以制订更全面的计划来保证自己和他人的安全。

用你当下知道的最好的方式来回应

有时，不成熟的人会因为情绪失控而危及他人，如砸坏东西或在生气时开车。这种感觉就像被劫持为人质，因为你做的任何事都可能让事情变糟。

有时，在这种情况下，你能做的就是深呼吸，保持清醒，试着安抚不成熟的人，找机会让事态平缓下来，或者让自己脱离险境。这并不意味着你很软弱，这意味着你在用你唯一能用的方式来处理危险的情况。

不过，你可以计划将来要怎么做。你可以只同意与他们在公共场所见面，或者始终自己安排交通方式。如果他们问你为什么，不妨实话实说。

随着不断练习，你对这些方法的掌握程度会稳步提升。你会变得越来越真实，不再忍受情感胁迫。一段时间以后，你会感到一种平静的力量在内心中成长。为了让这些改变持续下去，你需要不断地因为自己保持清醒的状态而鼓励和表扬自己，并且学会在情感胁迫影响你之前就发现它。

○ ○　**总结**　○ ○

你有权拒绝不成熟的人控制你。无论不成熟的人给你造成何种困扰，你都应该把它当作一个做出改变的信号，想一想你想要的结果。请不要着急，仔细思考，并且给自己留出一些空间，不要一感到他们给你的压力，就立即做出反应。有效运用回避、脱离、引导、设置边界的方法，这些方法都能阻止他们的情感控制。如果不成熟的人有潜在的暴力倾向，在与他们相处时请注意安全，并且在他们虐待你时，询问专家该如何应对。

第6章

如何捍卫拥有内在体验的权利

不成熟的人很喜欢批判和取笑他人的内在体验。对他们来说，你的内在世界没有存在的必要，与他们认为重要的事情相比，你的内在世界是一种不必要的干扰。

你很难在不成熟的父母面前做自己。有些不成熟的父母的孩子，会通过反抗外化自己的痛苦，但如果你偏爱思考，凡事喜欢往心里去，那么你可能会自我压抑。在父母身边时，你可能会隐藏自己的一部分个性，用不惹麻烦的方式与他们互动。在不成熟的父母身边，你可能始终都会有些紧张，总是在检查自己的言行，反复思索后才开口讲话。

为什么你会对表达如此谨慎？这是因为不成熟的人很喜欢批判和取笑他人的内在体验。对他们来说，你的内在世界没有存在的必要，与他们认为重要的事情相比，你的内在世界是一种不必要的干扰。他们希望你也能这么想，所以每当你表达不同意见或说出自己的感受时，他们就会认为这是对他们的冒犯。好像除非能得到他们的认可，否则你内心的任何想法都无关紧要。

在这一章里，我们将看到不成熟的父母对你的内在世界的敌意，以及这种敌意是如何教你怀疑自己的内在感受，甚至为自己的体验感到羞耻，从而打击你的自信的。不成熟的人打心底就不想让你依照你的内心行事，因为那样会让你变得更难被控制。我们的目标是看穿他们让你泄气的评判，并且支持你拥有自己的感受和观点。

为什么内在世界如此重要

让我们来看看为什么内在世界如此重要。内在世界赠予了你五份无比珍贵的礼物。

（1）你内在的稳定性与抗逆力。

（2）你的整合感以及自信。

（3）你与他人建立亲密关系的能力。

（4）你自我保护的能力。

（5）你对人生目标的觉知。

你内在的稳定性与抗逆力

就像你的身体一样，你内在的心理世界也是按照一定的阶段发展的。我们一开始都是未充分发育的，然后才逐渐形成了完整的、动态的人格结构。如果内在的心理世界发展顺利，你的心理功能就会形成一个稳定的、相互联系的组织，让你的不同部分（理智与情感）配合默契。你也会发展出足够的内在复杂性，让你能够抵御挫折、适应环境。这样一来，你就能够认识自己以及自己的情绪，你的思维也会是灵活而有条理的。你会成为一个能自我觉察的人。

这与不成熟的人非黑即白、僵化死板、自相矛盾的人格截然不同。不成熟的人格的内在世界没有得到充分的发展，或者没有得到充分的整合，以至于无法形成稳定性、抗逆力或自我觉察。

你的整合感与自信

当你了解自己的想法，并且与自己的内在世界有着深刻的联结时，你就会获得一种整合感和完整感，进而提升你的安全感。你内在的整合感也会赋予你尊严与正直，当你面临压力与混乱时，这些品质能帮你找到自己的位置。整合感也能让你相信你的感受是有意义的，你的直觉是可信的。

你与他人建立亲密关系的能力

对情绪的自我觉察能让你与他人建立亲密的情感关系。你越了解自己，就越能关怀他人。真正的亲密是对彼此内心体验的共同理解。否则，亲密关系就会变成两人不断地向对方提出自己的需求与一时兴起的念头。自我觉察也能帮你选择合适的朋友和伴侣，他们会支持你，支持你在生活中看重的东西。

你自我保护的能力

感知周围的危险以及判断他人是否可信的能力，取决于你有多擅长倾听自己的直觉。要发现威胁，你必须意识到当下的情境与互动给你的感觉。对你的安全来说，内在世界的原始本能是至关重要的。

你对人生目标的觉知

与内在世界建立良好的关系，能够揭示什么对你是有意义的，并指导你的人生目标。如果你无法与内在世界建立信任的关系，你就会依赖同伴、文化或权威告诉你的一切。在本书的第二部分，你会学习了解内心世界的更具体的方法，以及如何更深入地投入到这个过程之中。

不成熟的人对你的内在世界的态度

现在我们来看看不成熟的人是如何看待你的内在世界的。理解不成熟的父母对你的内在体验的态度，能够帮你信任自己，而不是顺从他们。

他们认为你仍然需要他们的指导

在不成熟的父母眼中，他们成年的子女依然不够成熟，就好像你还是他们稚嫩的孩子。他们总是用这种不合时宜的方式看待你，难怪他们会一直告诉你该怎么做、怎么想，而不会弄清楚你内心真实的想法。哪怕你早已长大成人，他们依然觉得自己有权维护自己作为父母的权威。

成年人的内在世界里的感受与观点，会挑战他们对你的看法，即你依然需要他们的教导和指引。他们可能会对你说教、批评，或者告诉你该做什么，因为他们不喜欢让你独立自主。忽视你的内在世界，可以帮助他们维持他们最喜欢的、往日的亲子关系。

他们对你的主观体验缺乏好奇

不成熟的父母想要对他人指手画脚，他们对孩子的内在体验毫不关心。在他们眼中，孩子原本只是空空如也的盒子，等着装满父母想让他们知道的东西。由于缺乏同理心和好奇心，因此对他们来说，重要的是你如何对待他们，而不是你的感受或想法。

不成熟的父母对他人的内在体验不感兴趣，这也正是他们不善于倾听的原因。因为他们不觉得你的内心会有什么重要的东西，所以他们认为没必要去了解你的想法。他们对你童年时的主观体验不屑一顾，而这种态度也让你把自己的内在世界看得微不足道。

他们觉得外界事务远比你的内在生活更重要

对不成熟的父母来说，重要的事情都发生在外部世界。他们不明白为什么要鼓励孩子去了解自己的内在世界。在他们看来，由思想和情感组成的内在世界似乎具有一种潜在的破坏性，而且肯定是毫无建设意义的。他们认为最好让孩子忙碌起来，专注于外界的活动与事物。

由于持有这样的轻视态度，因此不成熟的父母往往不支持促进内在世界成长的活动。对他们来说，阅读、做白日梦或者单纯追求艺术似乎都是浪费时间。对不成熟的人来说，每件事都应该带来实实在在的收益，不然有什么意义呢？即便是他们的精神世界，也往往是高度结构化的，他们的精神世界受规则约束，对能够接受的精神信仰有着严格的限制。

他们缺乏深思熟虑的耐心

不成熟的人总想马上看到成果，因此，他们不鼓励孩子做出深思熟虑的决定。他们往往用规则和陈词滥调来指导你，或者告诉你去做哪些事情能让你高兴起来——这在很多情况下都是糟糕的建议。对他们来说，细致地询问你内心的想法会导致分心和拖延，这不是一种智慧的做法。花时间思考也意味着你更有可能想出一些他们不会同意的事情。

他们不尊重你的决定

尽管不成熟的父母把深思熟虑看作毫无意义的拖延，可一旦你做出了决定，他们往往会把你的决定抨击得千疮百孔。这是不成熟的父母那令人头疼的矛盾的表现。也就是说，你应该尽快做出决定，但要与他们的看法保持一致。采取深思熟虑的行动，追求自己的目标，这证明你有着与他们不同的个性，这让他们感到不安全。

他们否定你的梦想、幻想生活以及审美

因为幻想、想象和审美都源于内在世界，所以许多不成熟的父母都把这些看作浪费时间。不成熟的人往往对幻想不屑一顾，认为那是毫无意义的胡思乱想。他们看不到幻想对发明创造和问题解决的启示作用。不成熟的人无视想象的好处，这颇具讽刺意味，因为人造世界中的一切都源自人们的幻想生活。

不成熟的人尤其鄙视别人的审美，蔑视他人对美感的敬畏。当不成熟的父母批评或取笑孩子觉得美丽或有意义的东西时，真

的会伤害孩子的自尊。

　　这里有两个破坏孩子审美体验的例子。在十几岁的时候，米拉攒下了一笔钱，买了一件她觉得非常棒的人造毛皮夹克，然后穿着夹克去上学。当她第一次穿上这件夹克的时候，妈妈嘲笑她像一头长着疥癣的熊。卢克在卧室墙上贴满了他喜爱的乐队的海报，他父亲却说，那些乐队成员看起来就像失败者。这样一来，米拉和卢克再也不能以相同的眼光看待自己所珍爱的东西了。

　　因为孩子们喜爱这些他们认为美丽和鼓舞人心的事物，所以父母这样的嘲讽对他们具有毁灭性的打击。孩子对心仪的事物有着深深的喜爱之情，嘲笑这种感情会动摇他们对情感的自信。随着时间的推移，这些孩子与自身的内在世界之间会产生隔阂，他们可能会产生意志消沉、抑郁、空虚，甚至成瘾等问题。

他们嘲笑你的内在体验

　　如果你的感受或看法与不成熟的人不同，他们就可能会羞辱、嘲笑或讥讽你。不成熟的人很擅长嘲笑别人与他们不同的内在体验。他们的嘲笑暗示你很天真，你不知道该有什么想法。

　　他们的嘲笑可能有许多表达方式，比如"别犯傻"或"这根本说不通"，所有这些话都表明你的想法不值得考虑。他们的一个眼神或一声叹息也能传递出这样的信息：你不知道自己在说什么，你的想法很荒谬。这些贬低会在你心里播下自我怀疑和自我担忧的种子。

为什么不成熟的人对你的内在世界怀有那么大的敌意

通常来说，不成熟的人不仅不同意你的观点，而且他们的反应往往是轻蔑与愤怒。一位 50 岁的女士告诉自己的父亲，她投票给了父亲反对的候选人，父亲用食指指着她，说道："你再也不许做这种事情了！"父亲强烈的敌意表明，他不仅受到了冒犯，而且还受到了威胁，而这仅仅是因为这位女士有着自己的偏好。

我们来仔细审视一下，为什么当你表达自己独有的想法和感受时，不成熟的人会变得充满敌意和攻击性。

你的内在世界威胁了他们的权威和安全感

不成熟的人不喜欢你的内在世界，因为你的内在世界与他们的情感控制相抵触，威胁了他们的权威。记住，不成熟的人会试图对你进行情感控制，以便借由你来满足自己的自尊，维持自身的情绪稳定。难怪当你把注意力从他们担心的事情转移到自己的想法和计划上时，他们会感到不安。

因为很多不成熟的人需要在关系中处于主导地位才能感到安全，所以他们会觉得你的个性是一种威胁。他们自然会觉得，一旦你开始信任自己的内在体验，你就可能会挣脱他们的控制。

不成熟的父母还可能担心，你表达自己的个性可能会威胁他们的社会地位。如果在不成熟的父母的成长环境里，一个人的社会地位依赖于严格服从，他们就可能会害怕你的独特性会给他们带来社会羞耻感。

你与自我的联结可能会让他们想起自己失去的东西

听你说出自己的希望与梦想，可能会让他们想起自己不被承认的内在世界。他们可能会嘲笑和批评你，以便与你在情感上保持距离，避免触动自己的痛苦回忆。

你对未来的希望可能会让他们想起自己失去的机会。比如，一位不成熟的父亲会嘲笑儿子成为艺术家的梦想，因为这让他想起了自己受挫的志向。因为不得不辍学养家，所以这位父亲从未实现过自己的梦想。他不能忍受儿子期待未来，表达自己的兴奋，因为这让他想起了自己从没做过的事，这实在是太痛苦了。

你是如何学会背叛自己的内在世界的

父母否定你的内在世界已经够糟了，更糟的是，你可能将他们的负面声音内化了。一旦如此，你就可能开始忽视自己的内在体验，用轻蔑的态度对待自己。这里有一些需要注意的自我背叛的表现。

你背叛了自己的内在体验

不成熟的父母可能会对你的内在体验不屑一顾，当你背叛自身的想法和感受时，他们的不屑一顾尤其有害。当你排斥自己的内在体验时，你会觉得其他人也不想倾听你真实的声音，这是因为你开始用蔑视的态度对待自己内心最深处的感受了。一旦你站在了不成熟的父母这边，蔑视自己的内在世界，你就像把自己的情感置于单独监禁的牢房之中，自我忽视和自我批评就成了你对待自己的主要方式。

你不必这样对待自己。你可以不再这样责备自己："我不应该有这种感受。"相反，你可以想："我有这种感受。为什么呢？"每当你接纳自己的感受，并且感到好奇，而不是满心自责和羞愧时，你就是在捍卫这样一种观点：你的内在世界是有意义的，应当得到倾听。

你学会了戴上面具，变得肤浅

如果父母对孩子的感受和想法不感兴趣，孩子就不会成长为一个实实在在的人。当孩子感到父母即将对自己失去兴趣时，他们就很难再保持真诚。为了避免受到忽视，许多孩子会给自己打造一副令人钦佩的外表，而非真诚地表达自己。因此，他们可能经常在与人相处的时候感觉自己不真实。

这副面具源于情感上的绝望，它能帮我们控制他人看待我们的方式，这样我们就不会感到被忽视或被评判。面具保护了我们，它也使我们与他人的联结变得更肤浅。可悲的是，我们越习惯于戴面具，我们越有可能和愤世嫉俗、爱评判别人的人待在一起（因为他们也是戴着面具生活的）。

如果你觉得自己在戴着面具生活，那么你可以试着更多地表现你的真实反应。放松你对理想自我形象的维持，把注意力放在你真正的感受上吧。自我觉察每增加一点，你的肤浅就会减少一点。每当你变得更加真实一点的时候，你也会对自己变得更加忠诚。戴上面具可能是赢得不成熟的父母的赞许的最佳方法，但这不利于你与其他人建立最好的亲密关系。

你轻视自己的感受，让自己封闭起来

不成熟的父母经常认为你的正常情绪是太过极端的反应，就好像你的真实反应是有问题的。他们通过这种方式教会你轻视自己的感受，因为这些强烈的情绪让他们感到不舒服。他们会让你相信，你有许多情绪都是没必要的、多余的。

米娅的故事

在米娅还是个孩子的时候，每当她感到悲伤或受伤时，父母就会这样告诉她，"别难过"或"你不该有这种感受"。然而，当米娅感到真的很开心、很兴奋或者期待某件事时，父母仍然会警告她："不要抱太大的希望。"总而言之，他们给米娅传达的信息就是：不要有任何感觉。无论米娅有什么感受，她总会接收到这样的信息：你的感觉是过度的。对她的父母来说，轻微的情绪反应是可以接受的。为了避免尴尬，米娅学会了不去感受最强烈的情绪，不论是积极情绪还是消极情绪。这导致她成年后患上了慢性抑郁症。

"我觉得他们是想让我开心，"米娅告诉我，"但是要以一种浅浅的、不要太深的方式开心。"在米娅的记忆里，只有对于有形的、父母认可的外界事物感到高兴，才能获得父母的认同，这样的事物包括圣诞礼物、新衣服或者一份完美的成绩单。米娅把自己的真实反应藏了起来，因为父母经常认为她的感受是多余的，认为她是软弱的或者过于敏感的。因为父母的拒绝，米娅也开始轻视和压抑自己的感受。她逐渐失去了情绪自由，失去了自由感受的权利。

幸运的是，米娅重获了完整的情绪自主。她学会了在兴奋时不再表现得很冷静，在极度失望的时候也不再表现得无所谓。她学着对自己的情绪保持开放的态度，让自己的感受得到充分的表达。

你也可以这样做。不要扼杀你的真情实感。你不应该为感受太多而感到恐惧和羞耻。你可以通过接纳自己真实的感受，接纳感受原本的样子，逆转对于自我的背叛。下一次你感到兴奋的时候，你可以让这种感受完全地表现出来，不要打断它。作为一个成年人，你可以允许自己体验不加掩饰的情感。这是了解自己的最佳方式。

不幸的是，如果你习惯于觉得自己的情绪很愚蠢，那么你可能已经学会了在难过的时候远离他人。你可能会用"我很好"这样的话来敷衍别人的同情。远离他人的安慰对你来说是一件非常糟糕的事情，因为你在生理上其实是需要安慰的。正常人能通过触摸和与他人的情感联结来获得安抚（Porges，2011）。他人关怀的触摸、声音和亲近，对我们的身体有着镇静的作用。只要有可能，就敞开你的心扉，接纳他人的安抚。不要再说你不需要任何帮助就能应对痛苦。感谢那些与你感同身受的人，不要远离他们。

你学会了质疑自己的创造力和问题解决能力

内在世界是所有新生想法的源泉，如果你能接纳自我，乐于思索，就能想出更有创造力的问题解决方案。一旦你习惯于怀疑自己的内在世界，你的创造力和问题解决能力就会变弱。

为了消除这种影响，你可以在下次遇到难题的时候，保持开放的思想，接纳新的想法，练习头脑风暴，不要自我批评。当你想要否定自己的想法时，不断地问自己："但是，如果我可以这样做呢？然后会发生什么呢？"请下定决心在想出每个好主意之前犯十个错误，这样一来，你的心灵就会再次与你对话。

你开始质疑自己追求幸福的本能

也许忽视内在世界带来的最可悲的结果，就是不再承认有什么能给你带来真正的快乐。就像米娅一样，你可能会为自己的快乐感到尴尬，认为经过矫饰的反应才是合适的。你甚至可能会忘记愉快的感觉，把自己的精力都耗在"应该"有趣的活动上。

然而，一旦你与自己的内在世界重新建立联结，你就会自然而然地被那些让你愉悦的事物吸引。当快乐来临的时候，享受快乐的感觉，这样你就能放大自己的快乐，并且让快乐更加持久（Hanson，2013）。通过接纳自己的所有感受，不论是积极的还是消极的，你可以与自己建立联结，让自己感觉更完整、不那么孤独（O'Malley，2016）。

如何捍卫自己拥有内在世界的权利

在本节中，你会看到一些如何保护自己的内在世界不被不成熟的人嘲笑的办法。你的内在世界应该得到保护，在任何关系中，双方的内在世界都有权利得到尊重。事实上，普适的人权理念就是建立在重视人们的内在体验上的（United Nations，1948）。人权保护人们感受内在价值和美好的权利，而不仅仅是保证外在的安全。

现在，我们来看一看，当不成熟的人否定、嘲笑或攻击你内心深处的体验时，你可以做出的十种回应。所有这些回应都是通过行使自己的情绪自主权、捍卫自我表达的权利来保护你的内在世界的。一旦你允许自己忠于自己的想法和感受，你就能做出恰当的回应，改变沟通的动力。

回应 1：行使你忽略他们的权利

有时最好的回应方式就是不回应。通过忽略他们，或者转移注意力，你可以制止他们对你的观点表达不屑。忽略是一种很好的权宜之计。忽视不良行为是降低不良行为出现频率的有效方法。

回应 2：提议用其他方式建立联结

有时候，不成熟的人之所以会嘲笑你，是因为他们不知道如何用其他方式与你建立联结。例如，在一次家庭聚会上，萨曼莎的哥哥里克在试图与人交流的时候，仿佛是个五年级的孩子。当里克走过萨曼莎的桌旁时，他用手拍了萨曼莎的头，就像他们小时候一样。

萨曼莎并不接受这种行为，她离开餐桌，跟在里克后面。萨曼莎碰了碰里克的胳膊，说道："如果你很高兴看到我，能不能直接告诉我，而不要拍我的头？那样会好很多。"

后来，里克在无意间听到萨曼莎在谈论她的新车，于是他也加入了对话。他问道："什么颜色？""白色。"萨曼莎答道。"哦，就像马桶一样！"他咧开嘴，露出了顽皮的笑容。当里克嘲笑她的车时，萨曼莎显得若有所思，然后她说道："里克，我觉得你是想和我交流感情。我真的很喜欢我的新车。你有没有真想问的问题？"里克有些猝不及防，在一阵令人不安的沉默之后，萨曼莎把注意力转向了别人。

对于哥哥的取笑，萨曼莎不再觉得自己有必要表现得"落落大方"。每当里克试图以那种方式与她建立联结时，她都不予配合，并且表示她有权得到尊重的对待。如果萨曼莎觉得里克真的想伤害她，她就会做出更为强硬的回应。但她知道里克很高兴看见她，只是缺乏正确表达的能力。

回应 3：用提问来制止他们的不尊重

正如萨曼莎所展示的那样，提问能很好地让无礼的、不成熟的人知道，你不会配合他们对你的取笑。这能打破以往的模式，将注意力转移到他们身上。

用实事求是的口吻（而不是挑衅的口吻）质问他们对你的贬低，能让不成熟的人的行为凸显出来。对于他们的取笑，你可以做出这样的回应，如"你到底在说什么""你能告诉我你是什么意思吗""我不太明白，你能换一种说法吗"。问这些问题时，你不应该用讽刺的口吻，而是应该冷静地问，带着真正的好奇。（你可以花些时间，学着分别用充满敌意和好奇的语气来说出这三句话，感受一下其中区别。）

这三个问题表明你听到了他们的嘲讽的言外之意，但不予理会。你让他们知道，如果他们想要贬低你，就明明白白地说出来，你不会理会他们的言外之意。

当你用这种方式使不成熟的人的行为暴露出来之后，他们往往会轻描淡写地为自己的攻击做出解释，说他们只是在开玩笑或逗你玩。对此，你可以说"哈……我猜你觉得这样挺好玩，但我感觉不太好"，或者"好吧，我再想想吧，也许你不是故意要让我不舒服"。无论你说什么，你都是在澄清他们的行为，而不是做出情绪化的反应。当你以中立的诚实态度和好奇心来回应他们恶意的打击时，这种互动就不会继续下去了。请做好在尴尬的沉默之后转换话题的准备，这会让你和他们都感觉好受一些。这种尴尬而不适的时刻是一个积极的信号，它说明旧的模式已经被打破了。

回应4：回避，而不是直接做出反应

回避能改变对话的基调，从而打破不愉快的互动。比如，如果有人试图让你感到内疚或者试图控制你，你就可以通过轻松愉快的态度来转移他们的负面能量。你可以做出积极的回应，好像他们说了一些积极的话语。

例如，正当杰登准备出门上班时，他父亲开始教训他上班时要穿得更体面一些。杰登脸上挂着灿烂的笑容，不停地重复着"再见，爸爸！爱你，爸爸"，然后他拿起自己的东西，走出了门。杰登选择了回避，而不是把自己当作受害者。

回应5：顺着他们嫉妒的贬低往下说

当不成熟的人嫉妒时，他们经常取笑他人。下面就是一个例子。爱丽丝要在父母居住的城市参加一场重要的艺术展开幕式。在画廊的招待会上，母亲这样给自己的朋友介绍爱丽丝："这就是我花哨的艺术家女儿！"在片刻之间，爱丽丝有些畏缩：这不是她对自己的看法，当然她也不想被这样介绍给别人。

在众人面前，不成熟的人会用这样的嘲笑来获取别人的注意，这个时候，如果你表示反对，你就会觉得自己很开不起玩笑。对于这种行为，最有效的回应就是顺着他们的话往下说，并且保持轻松愉快。爱丽丝微笑着化解了母亲的攻击，说道："没错，我来了！"她一边说着，一边和母亲的朋友们握手。

通过冷静而幽默的回应，爱丽丝既没有让母亲使她难堪，也没有让母亲成为关注的焦点。爱丽丝把大家的关注点保持在了自己身上，这项活动本来就是为了庆祝她的成功。

回应 6：捍卫你保持敏感的权利

当你在表达自己的感受时，不成熟的人会觉得你过度敏感、缺乏分寸。多年以来，孩子们总是听到不成熟的父母说他们小题大做，成年以后，孩子们学会了在表达真实情感时加上前缀"只是……"。他们觉得自己会被羞辱，所以他们尽量让自己话语里的情绪显得没那么强烈。

如果不成熟的人说你太敏感了，告诉你不要把每件事都往心里去，你可以不要难过，而是好奇地说："好啊，还能从什么别的角度来理解这事儿吗？"或者，你也可以这么说："让我搞清楚一点儿。你不想让我把你的话听进心里去吗？"

另一种回应"你太敏感"的方式，是平静而诚恳地说："实际上，我的敏感恰到好处。"还有一种更深刻的回答："如果我不能与你分享我的感受，那么我想我误解了我们之间的关系。"你也可以更简单地说："其实，我认为我的反应是正常的。"

回应 7：行使你深思熟虑的权利

不成熟的人喜欢嘲笑敏感的人，说对方想得太多，总是过度解读简单的事情。他们的言下之意是，你应该接受他们的话的字面含义，不要想太多。对于"你想得太多"这种轻蔑的评论，我最喜欢的回应就是："是吗，我得好好想一想。"或者，如果你想讨论一下这个问题，也可以问："我对什么东西想得太多？"或者，如果你不想讨论，也可以说这样的话，"不，我觉得那对我来说刚刚好""是吗，我需要想多少，就想多少"或者"思考对我有好处"。

因为不成熟的人在攻击你的情感时喜欢"肇事逃逸"，所以当你停下来深入地阐明他们的意图时，会使你不再成为他们未来愿意嘲讽的对象。

回应 8：捍卫你不高兴的权利

不成熟的人喜欢指出你的感受是多余的，尤其是你对某事的不高兴的感受。不成熟的人喜欢抱怨，但他们总能让你的问题看起来像发牢骚一样。

不成熟的人经常告诉你，要对自己拥有的东西心怀感恩，他们经常通过这样的方式来"安慰"你。这是一种忽视你的情感体验的做法，这种忽视毫无同理心。他们会建议你心存感激，而非生气。这听起来很好，但不符合大脑运作的规律。一般而言，当有人同情我们，而不是让我们因为难过而羞愧时，我们才会感觉好一些。

再举一个例子，如果你担心自己的财务状况，不成熟的人可能会告诉你，拥有一份工作是多么幸运，因为很多人都没有工作。当然，这种理智化的反应只会否定你的感受，除此之外毫无意义。你可以给出一些中性的回应，比如："我很感恩自己有一份工作，但我的财务状况依然存在。和你聊聊这事对我有帮助。你愿意聊吗？"这种方式能让谈话回到真正的重点上去，你也不会接受他们对你担心的否定。

回应 9：捍卫你的问题的合理性

不成熟的人喜欢指出，其他人有过更糟糕的经历。例如，有一位女士的母亲小时候曾是战乱中的难民，她就曾这样否定女儿的痛苦："你在抱怨些什么？你一天有三顿饭可吃，也没有人想杀你。"试图找出比这更严重的问题是没有意义的，你可以说："我感激我现在的生活，我也知道有些人的情况比我糟糕得多。但是，这就是我现在面临的问题。你宁愿我不告诉你这件事吗？"

回应 10：认可自己拥有感受的权利

有时候，不成熟的人会直接告诉你"你不该有那种感受"或者"没必要生气"，从而否定你的感受。这种话暗示你的情绪是错误的或者不正常的。你可以在仔细思考之后做出回应，保持真实的自我："我不明白我为什么不能对这件事有自己的感受。"或者你可以说："我可能以后会感觉好一些，但我现在不高兴是合情合理的。"你也可以通过提问来质疑他们对"你反应过度"的暗示："你是说大多数人都不会对此生气？嗯……我不确定。"

记住，以上回应的目的是维护你的内在世界，而不是试图改变不成熟的人。与其做出沮丧、被动的回应，不如采取行动，表达自己有拥有感受和思考的权利。当你直言不讳时，你就表明了你们之间是平等的。

在本书的第二部分，你将学习如何听从内心的指引，清理思绪，找到全新的自我概念，重获情绪自主，弄清你真正想要的关系类型。

○ ○　**总结**　○ ○

我们探讨了为什么不成熟的人经常对你的内在世界怀有敌意。你看到了不成熟的父母是如何利用嘲笑和其他拒绝手段来否定你内在世界的重要性，教你怀疑并否认自己的内在体验的。我们探索了不成熟的父母是如何影响你与自己内在世界的关系的。最后，你学习了十种为自己说话的方法，这些方法能捍卫你拥有真实的感受和看法的权利。

第二部分

重获情感独立：
学习自我成长的新技能

在第二部分里，你将学会关注自己，而不是屈服于情感胁迫和对拒绝的恐惧。你将不再害怕不成熟的人的情绪，你会捍卫做自己的权利，过上属于自己的生活。你将学会如何捍卫自己的情绪自主与精神自由，让自己尽情地感受，自由地思考。你将不再否认自己的需求，并学会促进自我成长的新技能。

我很高兴能与你一起努力，消除这些旧日模式对你的影响，我已经在许多来访者身上看到了巨大的变化。我迫不及待地想帮助你去享受内在世界给你带来的东西，看着这些东西是如何帮你创造自己最好的人生的。

第7章

培养与自我的关系，重视自己的内在体验

不成熟的父母会让你相信，你的内在世界不值得被认真对待。这种自我背叛会降低你的自我价值感，降低你的生活乐趣。但是，一旦你意识到，你的内在体验才是你生活的动力，是最值得关注的东西，你将重获新生。

考虑如何花时间和自己建立关系，是不是一件奇怪的事情？你可能会想，我始终是我自己，我为什么需要努力与自己建立关系？那到底是怎么回事？你与自己的关系，是你所拥有的最基本的关系，它决定了你的幸福、成功以及你与他人的真诚联结。通过了解自己，重视自己的内在体验，你能更好地理解和爱他人。

不幸的是，因为父母在你成长的过程中不重视你的内在世界，所以你可能已经忽视了与自己的关系。现在，这种与你自身的基本联结需要（也值得）你的特殊关照。

忽视内在世界的影响

如果不成熟的父母否定或轻视你儿时的内在体验，你就可能会觉得自己不值得受到重视。你甚至可能会认为自己的内心想法并不重要。我经常在心理治疗的过程中看到这一点。尽管来访者来治疗是为了谈论自己的问题，但他们常常用轻视自我的评论来淡化自己的担忧，比如"我知道这很蠢，但是……"或者"这件事实在是太小了，我都不好意思承认"。他们觉得自己的内心世界是不合理的，强烈的情绪会让他们尴尬。请看看我的来访者马洛里的例子。

马洛里的故事

在公司被并购后，马洛里失去了自己的工作，她就是在这个时候来找我的。她原本已经准备退休了，所以对她来说收入的损失并不是一种威胁。最糟糕的是，她不知道退休之后自己该做什么。马洛里既没有兴趣爱好，也没有住在附近的家人。这是她有生以来第一次拥有了想做什么就做什么的自由，但她脑海中却一片空白。一想到每天不知道该做什么，她就感到害怕。"我没有真正热爱的东西。"她说。

后来有一天，马洛里突然意识到了为什么除了工作，自己什么都不喜欢做。她父亲是个喜怒无常、盛气凌人的人，他喜欢嘲笑家人，告诉他们该做什么。"我突然明白了，"马洛里说，"我父亲总是贬低我，批评我，嘲笑我喜欢的或者想做的任何事。"即便在马洛里成年以后，父亲也不鼓励马洛里去尝试新鲜事物，他总是说："你年纪太大了。你为什么想做那种事？你不会想做那个的。"

有一次，十岁的马洛里与父母一起逛杂货店，父亲发现她在看一本花边杂志。父亲扯着嗓子把母亲叫来，说道："瞧瞧她在看什么！看看这个！这不是很可笑吗？"父亲告诉马洛里，她不会想要这本杂志的，然后就把她带走了。

马洛里害怕父亲嘲笑她。"从我很小的时候起，他的嘲笑就对我产生了很大的影响。我害怕，也不好意思说出自己真正的愿望。我已经完全意识不到自己真正想要什么了。我从来都不知道我是谁。如果他知道我想要什么东西，他就会告诉我那不重要，而且很愚蠢。过去我不明白为什么我不像其他女孩那样有热爱或喜欢的东西，但现在我知道了。"

"我学会了把对事物产生兴趣的那部分自我隐藏起来。起初，我只是把这部分隐藏起来不让父亲发现，我多年以来都为这部分自我感到羞愧，最终我真的不知道自己想要什么了。"马洛里解释道，"当别人问我喜欢哪个东西时，我说不出来，我只会说无所谓，因为我害怕自己选得不对。"因为过去的羞耻感，马洛里已经无法信任内在自我给她的提示了。

成年以后，马洛里开始反抗父亲的控制，她成了一个成功的、独立的成年人，在工作中既果断又有能力。但在生活的情感领域，比如发现自己热爱的事物，她依然感到很压抑。当她对某件事感到兴奋或好奇，想要了解更多时，她很快就会把自己封闭起来。很长一段时间以来，她在无意识中选择了父亲的认可，放弃了她与自己的关系。马洛里与自己太过疏远，她已经不知道什么能给自己带来快乐了。

当你压抑自己的想法和激情时，你的内在世界就会枯萎。我们当中有许多人都试图通过沉迷于各种人际关系和外部事件，来填补这种情感上的自我忽视所带来的空虚感。但是，一旦你忽视了自己的内在体验，外部世界的人和事就都无法让你感到满足。再多的外在活动也填补不了你内心的空虚，这种空虚是你失去对内心世界的热爱后所留下的空缺。

就像马洛里的父亲一样，不成熟的父母会让你相信，你的内在世界不值得被认真对待。这种自我背叛会降低你的自我价值感，降低你的生活乐趣。但是，一旦你意识到，你的内在体验才是你生活的动力，是最值得关注的东西，你将重获新生。在我从事心理治疗的这些年里，我曾多次目睹人们重新发现自己内在的心理能量时产生的轻快、明亮与自由的感觉。戴安娜·福沙把这些感觉称作核心状态（core state），如果心理治疗取得成功，来访者就会恢复这种状态（Fosha，2000）。正如一位先生所说，他觉得拥有全新的自我觉察就像"终于翻过了一堵墙"。我问他在墙的另一边发现了什么，他笑着说道："乐土。"

但现在让我来唱唱反调，问问你们，谁说真的存在一个内在自我，或者谁说我们的内在体验很重要？我们怎么知道内在自我是否真的应该成长、值得信任？正如我们所见，不成熟的父母很喜欢嘲笑内在世界，那么有什么证据能够证明，内在世界和内在自我是真实的呢？

内在世界的真实情况：支持性的证据

我们一直都承认内在世界的存在，我们生活的方方面面都依赖于它。如果不这样做，我们甚至无法讨论人的功能。我们只是没有意识到，我们的日常生活在多大程度上依赖于我们的内在世界和内在体验。

你的内在世界决定了你生活中最重要的信念与决定：你认为自己是谁，你相信什么，你渴望什么样的未来。内在世界激励着你成为理想中的自己，决定了你会教给孩子什么，以及你的生命有什么意义。内在世界是最切合实际的，除知道自己需要什么才能生存和发展外，还有什么更基本的问题呢？内在世界就与任何实际有形的东西一样真实。

当我们在谈论一个人的自信、意志和自尊时，我们觉得这些品质好像是真实存在的，而它们也的确存在。信任、信念、乐观和"跟着感觉走"也同样真实存在。你的问题解决能力、"灵光一现"的时刻以及弄清事情规律的能力都源于你的内在世界。

教育是一种内在世界的追求，它受到了我们的高度重视。教育自己、改善自己的渴望就源于你的内在世界，好奇心、志向和自我反省的能力也是如此。如果没有内在的认知指引我们，我们就永远无法设定目标，也无法展望更好的未来。尽管外界有着压力与诱惑，但我们依然能设法审视自己、制订计划、规划前进的方向。这种评估我们的生活、决定我们去往何方的内在能力，是一种让我们的生活变得更加美好的力量。

如果你的内在自我和内在世界不是真实存在的，你就无法独立自主，也不能交朋友。内在世界是你所有的能量、幽默、热情和利他精神的源泉。你秉持公正、忠于他人的能力就源于你的内在世界，指导、领导和培养他人的兴趣也是如此。爱他人和改善世界的愿望也源于内心。生命的意义只能在内心中发现。

你的内在世界赋予了你抗逆力，以及克服困难、最终取得成功的能力。常识、关怀、感恩都是内在的天赋，适应能力与吃苦耐劳的精神也是如此（Vaillant，1993）。对我们来说，耐心、勇气和毅力这样的内在力量很真实，因为我们每天都能在人类的行为中看到它们的身影。

如果你还在怀疑这些内在品质是否真的"存在"，或者它们是否应该被当作"真实的"，那就想想如果没有这些品质，自己的生活会变成什么样子吧。你想象不到，因为它们不仅是真实的，而且对生活来说，它们就像外部的事物一样重要。虽然不成熟的人贬低了你的内在世界，但这不意味着它对生活是无关紧要的。

内在自我到底是什么

拥有内在自我这个想法可能很难用语言表达，但我从没见过有人在我提到内在自我的时候一脸茫然。我们所有人都能感觉到自己的内核，这个内核是独特的，与日常事物有所不同。我们都能感觉到它的存在。现在，我们来给内在自我下一个定义，弄清楚它的构成。

内在自我的定义

我所说的内在自我有许多常见的称谓：灵魂、精神、心灵、你心中的你（the you of you）。不同的理论家会用不同的术语来称呼这种内在的活力：自体（Jung，1959；Kohut，1971）、核心状态（Fosha，2000）、真实自我（Schwartz，1995），等等。

　　我喜欢内在自我这个词，因为它简明、直白，一般来说不会引起误解。当我以这种方式提及自我时，人们似乎能明白我的意思。内在自我是我们内部的见证者，是我们存在的核心，它能容纳生活的一切，且不会被生活改变。内在自我是你在内心最深处所感受到的自己。它是你独特的个性，隐藏在你的人格、家庭角色和社会身份之下。

　　虽然你看不见、摸不着，也无法测量内在自我，但它在你内心深处支持着你，如果你与内在自我失去了联结，你就会有一种空虚感。它就像一个忠诚又明智的内在好友，总是关心着你的切身利益。它居住在你的内在世界里，通过内在体验与你交流。

内在自我的指引如何让你受益

　　你的内在自我能通过以下方式来保护和丰富你的生活。

　　让你警惕的情绪。内在自我用你内心最深处的感受（而不是肤浅的反应）来推动你去做对你有益的事情。当你遇到能激发出你内心最好一面的事物时，内在自我会让你充满活力。它也会让你害怕那些给你带来厌倦、不满或抑郁的事物。当你遇到潜在的剥削或危险的情况时，内在自我甚至会用害怕、恐惧或恐慌来警告你。

　　直觉。内在自我关注事件真正的本质或者他人的真实意图。有些事情，你仅凭直觉就能知晓。当你说"我明白了""我懂了"

或者立刻理解了某件事时，你所表达的就是这种直觉。不成熟的人可能会试图说服你抛弃这种内在的觉知，但内在自我知道什么最重要。

顿悟。顿悟与你日常的思维不同。顿悟源于内在自我，为你提供远比一般思维所能产生的更深刻的信息。当你产生顿悟的时候，你能清晰地思考并洞悉问题的核心。顿悟能帮你解决困境，分析原因与后果并想出创造性的办法。当你在做其他事情的时候，比如走路、洗澡或开车时，顿悟往往会突然出现。

生存的指引。与内在世界保持良好的关系，可能最终会有益于你的生存。极端状况下的幸存者拥有强大的内在自我，他们信任内在自我，并在极度危险的情况下向内在自我寻求帮助（Bickel，2000；Huntford，1985；Simpson，1988）。成功幸存者的内在世界非常丰富，这种内在世界用了幽默、利他精神、想象力、意义和乐观帮助他们生存下来（Frankl，1959；Siebert，1993；Vaillant，1993）。正如劳伦斯·冈萨雷斯所说："为了生存，你必须找到自己。一旦你找到了自己，你的处境就不重要了。"（Gonzales，2003）

练 习

回忆内在自我的指引

利用下面的一个或多个提示，在日记里写下一次听从内在自我指引的经历。如果你无法立即想起任何事件，就给自己一些时间。我们大多数人都曾有过这样的经历。

- 在注意到自己的感受之后，你做出了正确的决定，即使别人没有注意到。
- 在遇到一件事时，你立刻就知道该怎么做，即使你无法解释为什么会有那种领悟。
- 在一段时间的冥思苦想之后，你突然有了一个领悟，或想出了解决问题的办法。
- 直觉保护了你的安全，甚至保证了你的生存。

你写的例子可能是日常琐事，也可能很惊心动魄，但它们都证明了这个有目的、有智慧的自我在你内心深处指引着你。

与自己建立更好的关系

我们在上一章中已经谈过，不成熟的人会忽视你的内在世界，好像那是不必要的、无关紧要的东西。如果你相信了这种忽视的看法，你就会失去内在自我为你提供的智慧，这些智慧会以感受、直觉和领悟的形式存在。你可以用以下五种方法与内在自我以及它的指引建立更具信任和尊重的关系。

（1）留意你内在的身体感觉。

（2）弄清楚感受的意义。

（3）不要评判和批评自己。

（4）明确自己的需求。

（5）畅想自己的人生目标与归属。

留意你内在的身体感觉

就像马洛里一样，你可能从小就学会了告诉自己：那没有任何意义；那太疯狂了；我在小题大做；我不应该有这种感觉。但有时身体感觉更加真切。身体的提示能为你提供大量关于人和事的宝贵信息。

强化内在指引的最好方法之一，就是密切关注所有的身体感觉。你的内在自我会通过身体和你讲话，而让你幸福就是它的首要任务。你的身体在不断地为你播报最新的"国情咨文"，让你知道自己的身心需求是否得到了满足，是否遭到了忽视或威胁。

为了与自己建立更好的关系，有时你必须重新学习如何关注自己的身体感觉。许多不成熟的父母的成年子女都沉浸在自己的思想里，他们感觉不到身体传达的信息。他们根本没有注意到自己的紧张、压力、不适甚至害怕。他们也没有充分体验过快乐的时刻，因为他们已经与自己的感受失去了联系。不成熟的父母对内在世界怀有敌意，他们会告诉你，关注身体感觉是在浪费时间。但他们错了。这里有一些身体给出的提示，这些提示是很好的指引。

愉悦的感觉

当你朝着好的方向前进时，你的胸膛中可能会有一种充实、温暖的感觉，就像鲜花绽放一样，同时感到脖子和肩膀上的重量也减轻了。世界似乎变得更明亮、更鲜艳、更自由了，你也一样。你感到精力充沛，身体里有一种放松且得心应手的感觉，仿佛你的身体已经准备好做任何事情了。心理治疗研究者戴安娜·福沙发现，这种关键的、令人振奋的体验出现的时刻，是最有可能发生显著情感治愈的时刻（Fosha，2000）。

身体的警告

你的内在自我也会用身体的感觉来警告你。比如，当你力不从心或屈服妥协的时候，胃部会有紧张感，脖子和肩膀会有紧绷感，还会有背痛或手臂的紧张感。或者，当有人践踏你的边界时，你可能会感到厌恶或浑身起鸡皮疙瘩。疲劳、易怒、烦躁，甚至是恶心的感觉，都是你的内在自我在试图警告你，提醒你你正在面对消耗你生命力的人，或正在面临这样的处境。

能量转换

你的内在自我一直在用精力充沛或筋疲力尽的感觉来引导你。当你遇到某些人和事，甚至只是产生某些想法时，你的能量水平就会上升或下降。能量增加表明你发现了为你增添生命活力的事物。如果你的能量水平下降了，很可能你正在面对于你不利的处境或人。

但是，焦虑不符合这个规则。如果你从小在不成熟的父母身边长大，你可能已经学会了对那些对你有益事物感到焦虑。比如，如果你从小受到忽视和排斥，你可能会把这种焦虑泛化到所有的社交情境中去。幸运的是，你可以通过多接触能给你带来安全感的社交场合，并与热情的人互动，来降低自己对人际焦虑的敏感度。

抑郁的感受也会利用能量水平来告诉你，在你目前的处境里，没有什么东西能滋养真正的你。尽管似乎没必要在这里提到这一点，但我们经常觉得自己的能量水平跌落谷底，却还一个劲儿地向前，因为我们告诉自己这是正确的做法，这实在太令人震惊了。从长远来看，这样的结果往往很糟。

弄清楚感受的意义

在不成熟的父母看来，同情就是告诉孩子他们没有理由感到难过。不成熟的父母会全然忽视孩子的感受，以至于孩子往往决定独自面对自己的感受。比如，不成熟的父母会告诉害怕的孩子，他们"没有什么好害怕的"，而不是让孩子谈谈他们在害怕什么。你能说的最能让人与自我疏离的话，就是他的感受是没有道理的。

当父母教导你忽视自己的感受时，他们也是在用另一种方式告诉你，你的内在世界不重要。这样会破坏你与自己的关系。你被拒绝的感受不会消失，反而会被埋藏得更深。如果你压抑的感受足够多，这些感受就会最终以抑郁、焦虑或行为外化等典型症状表现出来。

因此，寻找感受的原因是有好处的。要相信感受是有原因的，想想你在产生这种感受之前发生了什么。当你认真对待自己的感受的意义时，你就告诉了你的内在自我，它可以与你交谈，而你愿意倾听。

不要评判和批评自己

在不成熟的父母身边长大，可能会让你变得非常善于自我批评，因为他们认为批评是让你成为一个负责任的人的唯一方法。最后你会觉得自己永远无法达到某些标准，需要不断地提高自己。此时，你对自己的评价已经具有破坏性了，而非具有建设意义。

就像你的父母一样，你可能会认为自我批评会让你成为一个更好的人。但是，批评自己不会让你进步，就像攻击孩子的自尊不会让他们变得更自信一样。自我批评不是与自己建立关系的好方法，那样只会让你过上一种焦虑而依赖的生活，在这种生活里，没有什么比别人对你的看法更重要。

与其评判自己，为什么不想想自己有哪些想要做出的改变，弄清楚达成目标的步骤，然后寻求支持呢？即便你对某些过去的做法感到后悔，也不一定要批判自己。如果你已经知道当初该有哪些不同的做法，那么你已经学到了经验教训，因为有了这种新的领悟，所以你已经可以原谅自己了。

 练 习

暴露你的自我批评

请留意每次你在心中贬损或斥责自己的时刻。如果别人对你说这种话，你会有什么感受？请停下来，用心体验那种自我批评，然后写下你的感受。一旦你发现自己在攻击自己，就立即改变这种做法。比如说，"这么做真是太蠢了"可以变成"我以后尽量不要再那么做了"。看看过去的习惯中，有多少可以被转化为更积极的行动，这可以是一件很愉快的事情。

明确自己的需求

如果你从小就被教育要把别人放在第一位，那么你可能会忘记自己最基本的身体需求，比如休息、睡眠或娱乐。早年学会了自我忽视，意味着现在可能需要付出有意识的、刻意的努力来照顾自己。

不成熟的父母还会歪曲你对健康的社会需求的认知，因为他们常常为了自己的目的让孩子感到孤独。当你注意到内在自我的渴望时，你可能发现自己没有想到，原来你需要更多的社交、团体活动，需要更多地融入社区。幸运的是，当你与自己建立更好的关系时，你会越来越自信，也会越来越愿意寻找自己喜欢的社交场合。

畅想自己的人生目标与归属

不成熟的人往往对人们寻找更有意义、更有价值的生活持怀疑和嘲讽的态度。由于他们远离自己的内在世界，因此他们不知道这种畅想有何意义。当然，想要过上更有意义的生活，畅想是必不可少的。

你的内在自我会催促你去畅想，想象自己处在一个更适合你的新环境里。你可能还不知道自己生活的目的，或者自己需要哪些社群，可一旦你开始审视自己，你就会觉得更有活力和希望。在寻找更有意义、更加满意的生活的路上，畅想是我们每个人迈出的第一步。

重视你的内在体验，优先照顾自己

不成熟的父母的成年子女经常忽视对自己的保护和照料，因为他们从小就被告知，善良就是把别人放在首位。也许你也需要重新考虑一下自己的内在体验的价值，以便保护和照顾自己。以下是能使你在生活中优先考虑自己的五种方法。

明确自己的价值

你有没有坐下来思考过自己和自己的感受有没有价值？大多数人都没想过。他们可能觉得自己有价值，也可能觉得自己没价值，这取决于环境。但是，他们不会从作为一个人的角度来明确自己的内在体验的价值。不成熟的父母不会鼓励你做这样的自我评估，因为他们想告诉你什么是有价值的。但是，这对你来说是一个重要的判断，因为如果你不认为自己的内在体验是有价值的，你怎么会有动力去保护自己，或者关注自己的想法呢？你对自己和自己的内在体验的重视程度，决定了你允许自己在生活中拥有什么。

你重视自己的内在体验吗

为了建立令人满意、互惠互利的人际关系，你首先需要重视自己的内在体验。如果你觉得自己是一个无趣的、不重要的人，你就不太可能找到认为你有趣、重要的人。请利用下面的描述，弄清楚你有多重视自己。请根据第一反应作答，不要过多思考。用 0 ～ 10 给每个陈述打分，0 代表"我完全不相信"，10 代表"我完全相信，并且正在践行这个理念"。

（1）我值得被人照顾。

（2）我值得被人倾听。

（3）我值得被人理解。

（4）我自己的需求值得被优先考虑。

（5）在每次互动中，我的感受都很重要。

通过你对这些陈述的评分，你可以看到你在哪些方面默许了他人的忽视，因为那意味着你也对自己有相同的感觉。如果你在某项陈述中得分较低，就说明你可能需要培养更加支持自己的态度。如果你发现自己在某些方面有忽视自己的内在世界的倾向，那就利用这个发现，回到自己的身边来，与自己建立更加忠诚的关系。

足够重视自己的感受，才能保护自己

如果你曾经爱过一个人，尤其是爱过一个孩子，那么你就会知道，看到他遭受虐待你会有什么感受。你会感到愤怒，想要保护他、帮助他。你能对自己产生同样的感受吗？

许多人觉得自己没有权利保护自己，并且在怨恨中闷闷不乐。不幸的是，怨恨是一种被动的反应，它不能帮你保护自己、照料自己。自我保护的本能一开始可能会让人感到害怕，因为这种本能会以强烈情绪的形式表现出来：义愤、愤慨甚至憎恨。但是，这些只是你在别人试图控制你、支配你时产生的情绪信号。这些感受在告诉你，你的内在体验很重要，必须得到保护。

让你的内在世界变得更加重要

孩子会通过父母是否关注他们的内在世界来了解自己的价值。当你的内在体验受到尊重和接纳时，你就会感到自己是有价值的。要想与自己建立支持性的关系，你可以对自己说下面这些话。

（1）你的内在体验很重要。试着关注自己的想法、感受和梦想。

（2）你的内在世界值得守护。当你受到威胁时，要忠于自己的感受，保护自己的利益。

（3）你的感受和想法与他人的一样重要。要把自我照料看得比他人的想法更重要。

（4）你犯的错误是无心之失。如果你犯了错，不要和自己作对，也不要羞辱自己。

（5）你的内在世界值得关注。倾听自己的想法与感受，认真地对待自己。

（6）你是一个值得相伴的人。享受与身边之人相处的时光；只为了给自己的内心带来良好的感受而做事。

如果你需要更多的证据来证明与自己的内在世界建立良好的、支持性的关系是有价值的，那就想想那些有成就的人，他们都是通过重视自己的兴趣、深刻关注自己的内在体验，才走到今天这一步的。我们支持那些著名演员、诺贝尔奖得主、伟大的音乐家和世界著名的艺术家对自己的重视，从没有人问这些人是否应该那样关注自己的内在世界。我们从不质疑他们是否应该保护自己的时间和精力免受他人要求的侵蚀，我们也应该为自己做到这些。

优先照顾自己：做自己的好父母

优先照顾自己是修复与自我的关系、不再忽视自己的好办法。就像慈爱的父母一样，你可以支持自己，让自己过上茁壮成长的生活，而不仅仅是苟活于世、勉强度日。你可以只因为自己活在世上而欣赏自己、爱自己。你可以像慈爱的父母一样珍惜自己，这样你就不会再对自己的价值有任何怀疑了。如果你忠于自己，就可以给自己不带偏见的、无条件的支持，你会像疼爱你的父母一样致力于你的自我发展。

通过做自己的好父母，你可以扭转好几代人代代相传的低自尊和情感忽视的创伤。你可能是家族里第一个发现尊重自己的内在体验能改善生活质量的人。

当你感到孤独、沮丧、不堪重负或想要自我批评的时候，请做自己的好父母，给予自己支持。不要只在心里想那些支持自己的想法，你可以试着把这些想法写在日记里，并且把这些想法轻轻地或大声地说出来。听到自己的声音说出那些支持的话，真的对你很有帮助。

安慰自己

每当你感到不知所措、害怕或痛苦时，就把所有担心和害怕的结果写下来，并且大声地说出来，不论这些担心和害怕有多么微不足道。像孩子一样直接而简单地表达你害怕可能发生的事情。特别要注意那些对暴露自己的不足和糟糕的恐惧（Duvinsky，2017）。仅仅是承认自己害怕和担忧的缺陷，它们就会变得不再那么可怕。要写下这些害怕的东西，你可能会觉得有些尴尬，但不要就此止步不前。这是有用的。

当你记录下自己所有的恐惧时，请对那个不知所措的小孩表达关怀。然后像有同理心的父母那样为自己写卜一些话语，并且对自己说话。首先提醒自己，每个人都有不知所措的时候，这种感觉很正常。要非常认真地对待自己的恐惧，让自己相信你不是孤身一人，你会得到自己需要的帮助。给自己的内在小孩这样的安慰，是一个让你变得更善于自我接纳的好方法。

从感受内在世界中找到情绪休养方式

幸运的是，今天的世界对有关内在世界的活动更加接纳了，比如冥想、正念和日记。科学家已经发现，增强与自己的内在世界的关系，能够带来身心两方面的益处。专注内心的活动能够降低你的焦虑，为你带来平静，让你因为自己活着而感到愉悦。这些练习能让你免受情感不成熟的人的情感控制，并且支持你尊重内在世界的想法。

正念。你可以在日常生活中练习正念（Nhat Hanh，2011）。正念需要你做的唯一的事，就是愿意停留在当下的时刻，沉浸在你此时此刻的感官知觉里。这样一来，你就可以体会到完全的存在感和觉知感。

你可以尝试一下这个正念练习。花两分钟的时间来感觉自己的手，就好像你第一次看到自己的手一样。注意关于手的一切：手的外形、气味、质地、线条、曲线、阴影和苍白的部分。找到并挤压手上柔软和坚硬的部位，感受手的温度。你看到了几种颜色？注意手展现出来的新的样子，感受手的真实存在，直到时间结束。注意你做完练习后的感受。

冥想。冥想帮你用专注的方式体验自己的内在世界，从而放松你的心灵，为你补充能量（Kornfield，2008）。研究已经证明冥想能带来许多身体健康、精神和情绪健康方面的好处（Kabat-Zinn，1990）。你可以参加冥想课程，或者使用在线的冥想网站和应用程序（如 Headspace 或 Insight Timer）。冥想就是安静地坐着，闭上眼睛，放松身体，放下杂念，专注于呼吸，让思绪自由地飘过。冥想的结果表明，一旦你脱离了外部世界，内心中就会有一个宽广的内在领域，这个领域充满了独特的活力，能让你的体验得到滋养。冥想能直接证明内在世界的真实性。

写日记。写下你的想法、感受、观察记录、梦境会让你更加接近自己的内在体验。许多作家、科学家、旅行家和探险家都曾用写日记的方法来提高自己的感知能力，改善自己的思维能力。你也可以阅读像《正念之梦》（*Mindful Dreaming*）（Gordon，2007）这样的书来理解梦境是如何指引你的自我发展的。

既然你已经优先考虑与自己建立更好的关系，那么接下来我们将要探讨如何清理你头脑中错误的固有信念，并更新你的自我概念。

○ ○ **总结** ○ ○

为了与自己建立良好的关系，你应该尊重你的内在世界为你的生活所做出的贡献。你可能曾为满足不成熟的人的要求而忽视了自己的内在体验，但你现在可以自由地珍视自己的内在世界，把它作为自我指引与自我照料的源泉。你可以重新重视自己的内在信息，做出重视与保护自己的决定，并通过正念、冥想和日记来改善你与内在世界的体验性联结，进而改变自我疏离的问题。

第8章

与自我对话，扫除思想垃圾

　　不成熟的父母没有教你如何思考，而是教你如何评判自己的想法。他们总是把思考变成道德问题。不成熟的人提出的情感需求，会让你因为拥有自己的想法而感到内疚和羞愧，从而破坏你独立思考的能力。

如果你在不成熟的父母身边长大，一旦你与他们的想法不一致，他们可能就会让你感觉很糟糕。这样一来，你可能就会学会在他们面前监控自己的思想。尽管你可能会拒绝他们的某些信念，但你可能依然会对他们能够接受的事情了然于胸。但是，你仍然可以让自己的思想摆脱不成熟的人的影响，这样你的心灵就能再度为你服务，为你自己的利益与意愿服务。心理扫除就是这样的过程：分辨哪些想法是你的，哪些想法是别人灌输给你的。

当你的心灵属于自己时，你就不会害怕别人的批判，能够客观地思考了。你可以从内心深处判断某件事是否合理。如果你的思维清晰，并且得到了内在体验的支持，就不会受到错误逻辑或内疚的影响。有了独立的心灵和情绪的自主，你就能自由地思考，即使不成熟的人坚持告诉你你该有什么想法，你也不会受到他的控制。这种在考虑自身感受与内在体验的同时清晰思考的能力，就是情商的本质（Goleman，1995）。

羞耻感与内疚能扼杀自由的思想

能够在内心深处自由地思考任何问题，这对你的个性与自主是至关重要的。虽然不成熟的人会试图让你感到内疚，但其实单凭你的想法，不会给任何人造成伤害。思想是一种内部的体验，而不是一件人际间的事情。出于生存、安全和快乐的本能，我们会自然地产生一些想法，这个过程是不由自主的。这些想法是我们个人心灵的原材料，它们没有好坏之分。但是不成熟的人会评判你的思想，以确保你与他们的信念保持一致。

约翰的故事

尽管我的来访者约翰在工作中是个卓有成效的专业工作者，但他很难在女朋友面前清晰、果断地思考。有一天，约翰意识到了为什么他会在女朋友面前掩饰自己的喜好。

"在我小时候，我不仅会为自己的真实想法感到羞耻，还会感到这些想法并不属于自己的隐私。我觉得这些想法是危险的，因为我父母会耍一个小把戏，他们会询问我对某事的看法，然后批判我的想法。只有当我的想法符合父母的信念时，我的想法才会被接纳。否则，他们就会嘲笑我的想法，说我的想法是错误的、古怪的、被误导的。我尽量不与父母分享我的想法，因为他们会立即对我进行批判，比如他们会摸着下巴说道：'我们该怎么评价约翰的这个想法呢？'我觉得他们的结论要么是'真是个好想法，我们赞同'，或者'你的意见什么都不是'。"

正如约翰的例子所示，即使你没有对任何人做任何事，你也会被迫对自己的想法感到内疚和羞愧。在童年时代，在约翰少有的与母亲意见不一的时候，母亲会拒绝与他讲话。他为拥有自己的想法付出了沉重的代价。"对她来说，我就像死了一样，直到我纠正错误的想法为止。"他说。如果你知道自己的观点会招致责骂，就很难清晰地了解自己的立场。因为不成熟的父母需要觉得自己在每件事情上都是对的，所以如果你的想法与他们的不一致，他们就会让你感受到排斥。

　　作为一个成年人，盲目接受他人的观点而不考虑自己的想法是一种对自己不利的行为，而这正是不成熟的父母教你做的。如果你在思考的每一个步骤里，不首先考虑他们，他们就会把你当作叛逆或自私的人。

不成熟的父母把思想自由看作不忠

　　对不成熟的父母来说，所有事情都与他们觉得自己有多重要、多受尊重以及在多大程度上掌控一切有关。那么，如果你有自己的想法和观点会怎么样呢？他们会把你看作不忠诚的人。对非黑即白的不成熟的人来说，如果你有不同意见，就说明你绝不可能喜欢或尊重他们。你可能已经学会了在敏感的不成熟的父母面前隐藏自己真实的想法。不幸的是，就像约翰一样，你可能已经陷得更深了，你把真实的想法隐藏得太好了，连自己也不知道了，这样你就不会觉得自己像一个坏人了。

　　在小时候，如果不成熟的父母告诉你绝不许有某些想法，那你可能就会因自己的思考过程感到内疚。我的一些来访者还记得，当父母用"想都别想这种事"或"你怎么敢这么想"这样的话训斥他们的时候，他们有多痛苦和羞愧。这些来访者接收到的信息是，只有他们从父母的角度来看待问题，他们才是一个好人。一旦不成熟的人让你开始限制和排斥自己的想法，他们的思想就开始控制你了。

但是，把思想当作对他人的爱与忠诚的测试，是一种对待心灵的错误方式。一旦你的第一想法变成"我是不是够忠诚"，而不是"我对此有什么想法"，你就无法清晰地思考了。你会东拼西凑一些前后矛盾的、合理化的理由来适应不成熟的人对关系的需求。你那被情感胁迫的大脑会忙于监控自己的想法，从而避免羞耻感，并且不惜一切代价地保护他人的自尊与安全感。

阿什莉的故事

阿什莉很抑郁，也很疲惫，她一方面要做一份要求很高的销售工作，另一方面又要经常为年迈的母亲提供生活的帮助。母亲会批评阿什莉不会每天给她打电话，不经常来看她。阿什莉也感到气愤和怨恨，因为母亲根本不知道她的处境，但她却不允许自己设置合理的边界，因为她的心里一直有一个内疚的声音："我是她唯一的亲人。"阿什莉的母亲住在一家氛围很愉快的养老院里，那里的社交生活也很丰富，但阿什莉却不理智地接受了母亲的想法，即母亲需要帮助时，她应该是第一个前去帮忙的人。母亲提要求的时候就像一个幼儿，这个孩子总是推开其他帮助他的人，坚持这件事应该要妈妈或爸爸来做。

幸运的是，阿什莉对自己的心理做了足够的清理，她意识到：1）她不是母亲的母亲；2）母亲无权命令谁来满足自己的需求；3）虽然她密切关注着母亲的生活，但她不能一边做着一份全职工作，一边又任母亲随意使唤。澄清了自己想法之后，阿什莉大大地松了一口气。阿什莉还发现，当她不再因为考虑自己的需要而感到自己是个不忠诚的女儿时，她反而不再那么怨恨母亲，而是更加关心对母亲的照料了。

不成熟的父母试图告诉你你该有什么想法

不成熟的人不尊重你独立思考的权利，他们认为自己有权尽可能地支配你的想法。下图显示了不成熟的人是如何将自己的目的塞进你的头脑里，让你几乎没有空间独立思考的。

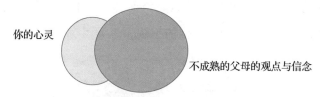

你的心灵

不成熟的父母的观点与信念

左侧的圆圈代表你的心灵，右侧的圆圈代表不成熟的父母的观点与信念。

请把左侧圆圈中被遮住的部分想象成你被不成熟的人的观点所遮蔽的心灵。你被占据的这部分心灵已经被强制征用，你很担心生活中的不成熟的人会对你想做的事情做出什么反应。你可以看到这种心理控制是如何在一个人成年以后引发问题的，就像约翰和阿什莉一样。在不成熟的人施加的压力之下，你可能会发现自己很难独立思考，因为你没有完整的心灵去自由地思考，就像下图显示的一样。

你的心灵

在不成熟的人所施加的压力之下，你能够用于独立思考的心灵。

这种缩小的心灵空间是一个很严重的问题，因为不论你的下一个想法会产生什么结果，你都需要全部的头脑才能进行创造性的思考。当你开始审查自己的想法，以免冒犯或威胁生活中的那些不成熟的人时，你的创造力和问题解决能力就会下降。要想擅长解决问题，你就不能因为自己的想法可能会让某个不成熟的人生气而限制自己的思想。当你让自己脱离了不成熟的人的控制时，你的头脑就会重新回到其完整而独立的状态，正如下图所示，这样能让你自由地表达你的想法。

你全部的心灵

练 习

当你的心灵受限时你的感受

看看前面的第二幅图——心灵的月牙，想一想将自己的思想限制在这样狭窄的空间里有何感受，然后把这种感受写在日记里。

也许你能回忆起不成熟的人支配你的想法的经历。如果你有这种经历，也把这种经历写下来。这种经历给你带来了什么感受？

　　相互尊重的关系依赖于每个人都拥有思想的自由。当双方都能运用自己全部的心灵，用自己的头脑思考，而不批判或纠正对方时，两人才能建立最令人满意的关系。在下图中，你可以看出平等的心灵是如何建立关系的，这样的关系会带来分享，而不是控制。

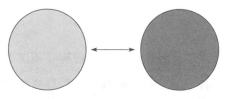

两个人的心灵相互分享各自的想法，而不去控制对方。

　　允许自己接纳自己所有的想法，是成为你自己的重要的第一步。独立而自由地思考本身就是成长的重要标志。除非你愿意，否则你不需要向不成熟的人说出你的想法。然后，你可以用更自然、更符合你个性的方式与他们交流。你没必要催促自己，先找回自己的心灵吧。

你的想法不必很友善

不成熟的父母没有教你如何思考，而是教你如何评判自己的想法。他们总是把思考变成道德问题。如果他们受到威胁，他们就会攻击孩子开放、诚实的思想。通过表现出受伤、受冒犯或震惊的样子，不成熟的父母会让你明白，只有当你的想法是好的时，你才是一个好人。

意识到你的想法不必很友善是非常重要的一点。谢天谢地，世界上没有思想警察，你完全有权利去思考任何发生在你身上的事。你原本的思想是你个性的重要组成部分，也是运用创造性思维解决问题的必要条件。

谢尔比的故事

我的来访者谢尔比经常因为对父母有"不友善"的想法而感到内疚。为了让自己对父母有清醒的认识，谢尔比给他们写了一封假信（从未寄出），解释了自己为什么很少联系他们。

亲爱的爸爸妈妈：

你们想知道我为什么与你们保持距离。当我们不平等的时候，我们是无法建立互惠的关系的。你们总是对我吹毛求疵。只要和你们待在一起，我就会受伤。甚至，我根本没有那么喜欢你们。你们把我当作傻瓜，但事实是，你们有时太讨厌了，我甚至无法在你们面前思考。和你们待在一起，我会感到不安全。如果我让自己回到你们身边，我就会感到自己很糟糕，甚至会觉得你们更糟糕。你们总是说我不够好或者"你做得不对"。我有权离开你们，因为我没有被好好地对待。我可以离开你们，去找一些

让我感觉好的、友善的人。你们不能为了让自己感觉更好，就让
我感觉如此糟糕。

　　写下自己的真实想法后，谢尔比感到如释重负。你也可以练习
写下自己的真实想法，学着承受任何可能出现的焦虑情绪。你可以
用这种方式来学着接纳自己的想法。你不必把这封信寄给任何人。

如果他们知道我在想什么，会怎么样

　　孩子不知道自己有精神上的隐私权。他们认为别人可能会读
懂他们的想法，知晓他们私密的反应。当父母说"我知道你在想
什么"或"我后脑勺上长了眼睛"这样的话时，他们会相信这些
话的字面含义。当孩子长大成人后，他们依然会怀有一种非理性
的恐惧，他们害怕如果自己对他人怀有不友善的想法，别人就会
知道。但是，除非你在脸上或行为中表现出来，否则别人就无法
猜出你的想法。骗子深知这一点。

　　孩子不仅害怕自己的想法被人发现并受到惩罚，而且他们也
不想伤害自己的父母。不成熟的父母的孩子非常清楚父母在情感
上有多么脆弱。一想到自己的想法要是被父母知晓，父母会有多
么受伤，这些孩子就会感到痛苦。

　　害怕自己的私密想法被人发现是不必要的。要消除这种恐
惧，你可以在不成熟的人身边有意识地自由思考。这可能看起来
是个奇怪的练习，但它能极大地提高你的精神自由感。比如说，

在听不成熟的人讲话时，你可以让自己这样想："这一点道理都没有""你以为我什么都不懂"或者"我没必要听信你的话"。通过自由地思考，你可以摆脱他们的心理控制。这样一来，你就可以坚信这样的事实：你可以想任何事，而他们永远都不会知道。

奇幻式思维是否抑制了你的思维

我有许多来访者都不愿承认自己的真实想法，因为他们都暗自担心这些想法会给其他人带来伤害。这种恐惧是童年时代遗留下来的，那时我们担心自己的想法可能会变成现实。要让孩子意识到自己的想法不会伤害任何人可能需要很多年的时间。甚至有些成年人也会有这种担心，他们会在说出某些想法的时候，通过"敲木头"来避免这些想法带来坏的结果。

如果你内心深处依然害怕思想的破坏力，那就提醒自己，许多真正绝望的人，在最极端的情况下（比你的处境糟多了），也无法使他们最热切的愿望成真。仅凭想法，你不可能让某件事情发生，别人也不能读懂你的想法。如果发生了看似这样的事情，那只是个巧合。

你的思想自由是心理健康与独立的基础。不论有些想法看起来有多"糟糕"，它们都是自然的、无可指摘的现象，有着自己的生命。健康人的思想是没有边界的，明智的人会让自己的想法自由地来去，而没有太多的心理负担。有时思考是一种发泄的好方法，思考不会伤害任何人，也不受你的控制。我们可以选择自己的行为，但我们不能选择接下来有什么想法。

想法不会让你变成坏人

有人说糟糕的想法和糟糕的行动一样坏，我认为这是对某些道德训诫断章取义所造成的误解。比如，"想某事和做某事一样糟糕"的教导，并不是说幻想和实际行为是一回事，这只是一个警告，让你反思高高在上的伪善和评判。我们不能假装某些想法永远不会出现在我们的脑海中，因为作为一个人，我们可能会产生各种想法。我们无法控制自己脑中会出现什么想法。重要的是你会如何对待这些想法。

将自己的想法与被灌输的、无价值的想法区分开来

如果你从小被迫与父母的思想一致，那么你现在可能需要剔除他们的影响，才能发现哪些想法是真正属于你的。你的哪些价值观源于自己的良知，哪些价值观是你盲目接受的？哪些想法是有价值的，哪些想法是毫无道理的？

心理扫除的过程很简单：不要相信任何让你感到沮丧的想法。许多人以为自我批评的想法是自己良知的声音，但事实并非如此。真正的良知会指引你，而不会对你的好坏做出笼统的评判。健康的良知会指引你改正错误或做出弥补，从而支持你的道德成长。严厉的自我评判和自责是对自我指引的嘲讽，它与你童年时期遇到的不成熟的人的刻板思维遥相呼应。你的良知应该起

到引导的作用，而不是打击你。

我们真实的想法有一种实事求是的、明确的品质。它们发挥着思想应有的功能：帮助我们解决问题，激发我们的创造力，保护我们，让我们的需求得到满足。

但你被灌输的思维模式是不同的，它们像暴君一样肆意妄为。这些想法带着压抑的内疚感，这说明它们的根源是童年早期的情感胁迫。你天生的思维不会要求你十全十美，不会在你犯错时苛责你，也不会告诉你无论如何都不应该反对权威。压力、自我攻击或内疚的想法是你遭受不成熟的权威人士的情感压迫之后留下的精神后遗症。

在分辨自己的真实想法与你内化了的不成熟的父母的批评时，我的来访者贾丝明说了这样一番话："我最近听到心里一直有一些批评的声音，并且意识到那不是我的声音。我以前以为那是我的声音，但我现在和那个声音划清界限了，我选择了别的声音。现在，当我再听到关于自己的消极声音时，我知道那不是我的声音！"

当你产生"我应该"或"我必须"的想法时，请停下来思考自己真正想要什么

每当你发现自己产生"我应该"或"我必须"这样的想法时，你应该停下来问问自己这个严格的规则是从哪里学来的，然后再问问自己有哪些真正的选择。这就是之前的故事中的阿什莉

的做法。她意识到她"应该"的感觉是建立在这种信念的基础上的：母亲的要求比她自己的疲惫更重要。她学到了"好孩子总把父母放在第一位"的信念。一旦阿什莉考虑到自己的局限，并意识到迎合母亲的喜好不是她认同的"应该"，她就感觉好多了。

不成熟的人口中的"应该"要求你自我牺牲，把他们放在首位。如果不成熟的人真是世界上最重要的人，那么这就是有道理的，但他们不是，所以你可以试着问自己一些这样的问题来澄清事实：为什么只要我没达到他们的期望，我就会感到内疚和自责？他们提出的期望是合理的吗，是尊重我的吗？这些问题能帮助你整理思绪，使你更公平地看待当下的情况。作为一个成年人，你的职责是照顾好自己的情绪健康，而不是试图赢得某些人的认可，这些人可能会不假思索地向你索取你并不甘愿付出的东西。

早期的情感控制能导致抑郁的想法

让孩子在童年时期感到内疚和羞愧，会促使他们产生无助和抑郁的想法。但是，只要你意识到这些想法源于过去不成熟的父母的情感胁迫，你就能扫除这些让人丧气的状态。一旦你给自己的抑郁想法"贴上标签"，认清它们是什么，从哪里来，你就能用更现实、更支持自己的想法来取代它们，这样会让你更有力量。

精神科医生大卫·伯恩斯在他的著作《伯恩斯新情绪疗法》（*Feeling Good*）（Burns，1980）中分析了抑郁的人是如何思考的，以及如何运用自我认知疗法来改变抑郁的想法。无论抑郁的来源是什么（生理或心理），抑郁的想法都充满了对自己的强迫，好像你别无选择，不得不接受这种你不喜欢的生活。很多人的脑海里充斥着极端的、非黑即白的想法，这些想法都是不成熟的父母传递给你的。

伯恩斯建议，你可以通过更加自信、理智和灵活的思考来消除抑郁的想法。这个方法的主要理念就是训练你的大脑立即行动起来，用理性和客观的思维来对抗极端或绝望的想法，就像辩护律师盘问对方的证人一样（Burns, 1980）。

伯恩斯的自我认知疗法之所以有效，是因为这种方法能帮你发现悲观的、不现实的思想来源，促使你做出主动的、刻意的改变。你可以给这些令人沮丧的想法贴上"消极想法"的标签，对它们歪曲的人生观进行反驳，而不是把它们当作事实。你可以把绝望的、批判性的、令人沮丧的想法变成更加现实的、更有希望的想法。

举例来说，如果你有一个消极的、夸张的想法，如"我肯定做不完这项工作"，那就停下来，想一些更加现实的事情，比如"只要我一点一点地做，这项工作最终会完成的"。如果你在想"我真的搞砸了，我什么都做不好"，那就停下来问问自己事情是不是真的如此（不是的），然后想一些更具支持性的想法，比如"我犯了一个错误，因为我有尝试的勇气，而且我现在能做出弥补，并尝试其他东西"。如果发生了不愉快的事情，不要去想"这就是世界末日，我永远都忘不了这件事"；相反，你可以对自己说"这不是世界末日，但的确是一个很大的打击。我会找到方法来一点一点地解决问题"。

焦虑和担忧是两类心理垃圾

心理垃圾是指原本不属于你的想法。这些想法会引发羞耻感、恐惧、强迫性焦虑、绝望、无助、悲观和自我批评。我之所以把这些想法称作垃圾，是因为它们原本不属于你，与你心灵的自然运作毫无关系。它们只会造成混乱和歪曲。你可以把这些想法看作不成熟的父母的情感胁迫所遗留下来的碎片。不成熟的父母经常让孩子意志消沉，因为这样会让孩子变得更容易被控制。分辨你的想法究竟是自己的还是家族传递下来的，是很重要的一件事。请想一想，某些你最焦虑的想法可能是数代人传递下来的恐惧，这种恐惧最初是为了保护很久以前的祖先不受恶劣环境伤害而产生的。你可以把这些令人泄气和压抑的想法想象成积灰的、摇摇欲坠的家具，它们在你的家族中代代相传。也许你是第一个站出来说"不想要"的人。

对不成熟的父母的孩子来说，强迫性焦虑是伴随他们的另一类想法。他们之所以有这种想法，是因为这些孩子必须对父母的情绪高度警惕。当父母的情绪起伏威胁到你的安全感时，你就会不断地思考他们为什么难过，他们难过会带来什么结果。你不知道自己究竟该怎么做，才能让他们感到满意。

不幸的是，担心别人的情绪会让你无法专注于自己的感受与想法。放下忧虑，考虑一下与他们互动的场景，会带来更具建设性的结果。你应该问问自己，我希望他们怎么对待我？这件事对我有什么影响？我真的应该受到那样的对待吗？然后，你就能够自由地思考，把自己放在与他们同等重要的位置上。

当你发现自己为某人是否对你不满而倍感忧虑时，你可以转换自己的视角，写下他们的行为给你的感受。回到你自己的立场上，想想自己对当下情况的看法，而不要照单全收他们的批评。独立的思考能让你看到，你想从这样的事情中得到什么结果，从而为取得这样的结果做准备。以这种主动的、有目的的方式运用自己的头脑，可以让你追求自己个人的幸福，而不是徒劳无功地担忧如何安抚不成熟的人。

自我对话是头脑清醒的关键

在内心深处与自己对话是改变情绪与想法的主要方式。你可以用自我对话来明确自己的愿望、应对失望、设定目标。只要确保你对自己说的话能帮你专注于你想要的、真正对你重要的东西就好。

建设性的自我对话能帮你引导自己摆脱情感控制。就像有效的 GPS 能指引方向一样，你的内在声音也可以。自我对话能帮你看清自己的意图，设定理想的目标。如果不成熟的人把他们的

利益置于你的利益之上，对你施加了情感控制，那么你现在可以
通过自我对话，学会新的回应与行为方式，从而改变这种情况。

自我对话让你不再与自己失去联结

当不成熟的人试图控制你的时候，自我对话可以帮你与自己
保持联结。假设你去拜访自己的父母，而他们对你做的某件事做
出了消极的反应。这可能会诱发儿时的反应，让你感到无助，在
他们的批评面前不知所措。但是，如果你早已预料到他们会用这
种方法来控制你，而你已经做好了准备，你就能站在那里，看着
他们的脸，但脑中仍然有属于自己的想法。你不会对他们的行为
感到惊讶，也不会放弃你成年人的思维，让他们控制你。你会与
自己保持联结，并仔细观察他们。

如果有人对你表示否定，你可以在心中对自己讲话，提醒自
己，你有权利拥有自己的想法和愿望。如果他们试图让你感到
内疚或者批评你的价值观，你可以提醒自己不要忘记自己身为
一个人的不容置疑的价值。这样一来，不论他们说什么，你都
能坚定自己的想法，并且知道他们的不满与你的自我价值毫无
关系。自我对话是与你的真实自我建立信任关系、重建联结的
桥梁。

自我对话能消除洗脑的影响

不成熟的父母认为，他们对你洗脑、迫使你接受他们的观点

是理所应当的。他们通过让你难过、激起你的防御来扼杀你的理性。在这种情况下，你会更容易听信他们告诉你的话，受到他们的影响。

为了对抗不成熟的人对你的心理和情绪的掌控，你应该提醒自己保持敏锐的分析思维。当他们对你不满的时候，你可以抑制住大脑"停机"和进入恍惚状态的冲动。相反，你可以在心里叙述你对他们行为的观察，就好像你是一个正在做记录的人类学家。这种分析性的自我对话能将你锚定在客观的成年人思维中，这部分思维能使你看穿他们控制你的企图。

当你能够用自我对话给他们行为贴上准确的"标签"时，他们的情感控制就会失败。保持对自己的忠诚，用分析的思维思考，正是战俘和极权主义政权的其他受害者在多年的虐待与监禁中坚守自己的正直立场与信念时所采用的技能。

践行自我对话的三种情境

自我对话能为你带来情感的力量，但是，自我对话可能很难自然出现。这里有一些建议你在感到压力、被迫屈从于不成熟的人的期望时对自己说的话。

（1）当你因为做得不够多而受到责备时，告诉自己：

> 我没做错任何事。我能倾听，但我不会接受内疚。
>
> 我不是坏人，这事不全是我的责任。
>
> 她感到失望不是我的错。她的期望实在是太离谱了。

即使他觉得一切都不会再好起来了，这件事也会过去。

她想要的超出了我能给予的限度。我永远也做不到那样，也不想那样做。她想要我做的事只会让我感到压力和疲惫。

（2）当某人情绪失控时，你可以对自己说：

他不能控制自己的情绪，这不是我的错。

她很不高兴，但我还是好的。地球依然在旋转。

他表现出了一副义愤填膺的样子，但这不意味着他是对的。

有人感到难过并不意味着我要让他们来支配我。

她说的话太夸张了。

她想让我相信这件事就是世界末日，但它并不是。

（3）当有人试图控制你、控制你的思想时，提醒自己：

我的需求与他的一样合理、同等重要。作为成年人，我们是平等的。

我的生命不属于她。我可以不同意她的观点。

应该由我来选择忠诚于谁，他没有权利要求我完全忠诚于他。

我的价值不在于他对我的感觉如何。

这只是她的观点，她不能控制我。

通过在互动中使用这样的自我对话，你可以与自我保持一种牢不可破的联结。切合实际的自我对话有助于你保持清晰、客观的头脑，并提醒你，你的内在世界和需求与不成熟的人的内在世界和需求一样重要。

心理扫除完毕后，该用什么来填满这些空间

你可以把自己的心灵想象成一个盒子，里面用于容纳想法的空间是有限的。如果增加了一类想法，留给其他想法的空间就变小了。总而言之，你的目标是关注许多愉快的体验，这样消极的思维模式就会被挤走。

有意识地在愉快、享受的事情和机遇方面多花一些时间，可以改变愉悦想法与有害想法的比例。当你强调积极体验，并停留在这种体验里的时候，即便不成熟的人试图用恐惧、内疚和羞耻感来控制你的思想，你也不会再受影响了。里克·汉森是一名神经心理学家，他的著作《重塑正能量》（*Hardwiring Happiness*）（Hanson，2013）阐释了放大愉悦、欣赏的想法能让大脑受益。汉森说，当你每次有意识地花几秒钟去体验更多的快乐想法时，你就能重新设置大脑的习惯性思维模式。

正如汉森所说，你在品味愉悦体验上花的时间越多，就越能训练大脑养成让你感觉良好的心理习惯（Hanson，2013）。如此一来，你这一天过得是否美好，是否觉得自己是个有价值的

人，就都不再取决于他人了。通过有意识地关注自己身上你喜欢的、看重的方面，你可以主动地改变自己的情绪。

戴安娜·福沙的研究表明，当我们处于积极的精神状态，不关注消极的、自我批评的体验时，最有可能产生治愈性的情感转变（Fosha，2000）。追求自我认识与积极的、自我肯定的体验不是一种逃避，而是我们改善自身所需要的方式。

通过扩展和深化你的快乐体验，你还能增强自己的个性与自主。当你主动回忆快乐的感受时，你就能掌控自己的情绪与自尊。所有这些主动享受快乐与自我肯定的小小瞬间，都能增强你的自我效能感。这一切都能让你觉得自己是一个积极主动、自我决定的人，这种感受能为你带来回报——你不再那样容易受到不成熟的人的情感胁迫、控制与歪曲的场域的影响。

重要的是，不仅要有更愉快的想法，还要在心中唤起独立自主、不内疚的温暖感觉。一旦你发现，通过关注那些让你感觉更好的事物，你能主动改变自己的内心状态，你就不会那么依赖那些没有回报的关系了。你能创造属于自己的自我效能感、自主以及让你得到安慰的体验，这些都能增强你的幸福感。

○ ○　总 结　○ ○

不成熟的人提出的情感需求，会让你因为拥有自己的想法而感到内疚和羞愧，从而破坏你独立思考的能力。父母的情感控制在你心中积聚了许多思想垃圾，清理这些垃圾能恢复你的精神自由。你可以挑战"应该"的想法，这样能帮你避免产生抑郁的念头，并且做出自己的决定。你的思想完全是属于你个人的，想法本身也不会造成伤害，接纳了这一点，就能增强你的思想自由。自我对话也有助于防止你与自我失去联结，能够制止当下的情感控制。当你把思绪集中在那些证实你的善良、增进你的幸福的体验上时，你就会为重新找回自己的心灵而感到快乐。

第9章

构建一个更健康的自我概念

不成熟的父母无法帮助孩子培养准确的自我概念。在不成熟的父母身边长大，你可能会发展出一种歪曲的自我概念，这种自我概念助长了你的自卑感和受人支配的感觉。情感不成熟的关系会把你困在歪曲的自我概念中。

你对自己的所有信念，你允许自己成为什么样的人，都建立在你的自我概念之上。在你成长的过程中，人们对待你的方式影响了你对自己的理解。他们用行为告诉你他们认为你是谁。作为一个孩子，你别无选择，只能通过他们的眼睛来了解自己。不成熟的父母无法帮助孩子培养准确的自我概念，因为他们经常忽视孩子独特的品质、能力和兴趣。

不成熟的父母希望你按照他们的设想成长。有这样的父母，你很难准确地了解自己的长处。相反，你可能只会根据自己在多大程度上满足了他们的期望来评价自己。不幸的是，不成熟的父母往往用负面的反馈来打击孩子，让他们觉得自己很糟糕，尽管事实并非如此。纠正这些错误的自我信念是至关重要的，因为只有这样，你才能更真实地生活，追求个人发展，加深与自我和他人的联结。

不成熟的父母会忽视他人的个性，所以他们不会告诉你关于你的事情。在他们心中，他们把所有人都归为一类，认为所有人都是相似的，看不到人们之间的差异。当他们说出"你就跟你爸一样"或"你和我原生家庭的家人一样"这样的话时，他们就已经忽略了个体的复杂性。因为你让他们想起了某个人，他们就以为自己了解你。他们给了你一个刻板的自我概念，这个自我概念并不适合你。不成熟的父母会告诉你要做什么样的人，但不会帮助你发现真实的自己。

但现在你已经长大成人了，即使不成熟的人仍然用过于简化的、孩子气的身份认同来将你归类，你也仍然可以扩展你的自我概念，将你所有的潜能与复杂性囊括在内。你不必一辈子都觉得自己不像真实的自己。值得庆幸的是，你的自我概念已经不再受制于父母的看法了。你现在可以自由地发现你是谁，你想成为什么样的人。你可以更新你的自我概念，来适应这个真正的你。

　　我们首先要简要地探讨一下影响你自我概念的童年情感氛围。这会帮你看清你现在对自己的看法，帮你从过时的身份认同中解脱出来，而那种身份认同取决于你小时候受到了何种对待。

（练）（习）

回顾你童年的自我概念

　　给自己一些思考的时间，在日记本中写下你对以下问题的回答。

- 你小时候有哪些自我概念？
- 你如何看待自己与其他孩子的关系？
- 父母有没有帮助你发现和发展你的潜在优势？
- 你有没有一个明确的身份，还是说你只是一个平凡的孩子？
- 他们是否鼓励你设想未来，想象自己最好的成年生活？
- 他们问过你想对世界产生什么影响吗？
- 他们是否认为你未来会成为一个成功的、有爱心的人？

　　仔细阅读并反思自己写下的内容。你有什么感想？你认为你的童年对你成年后的自我概念产生了什么影响？

好消息是，你现在有能力抵制和修复童年对你自我概念的影响。如果不成熟的父母在你小时候不能帮助你准确认识自我，那么你可以在成年后帮助自己。

务必捍卫你成年后的自我概念

正如我们所见，不成熟的父母在孩子身上看见的品质都是为他们自身的需求服务的。因此，有些你在童年被告知的事情可能根本不是事实。但现在，作为一个成年人，你可以有意识地建构一个更为准确、更具支持性的自我概念。

这一点尤其重要，因为作为一个成年人，你看待自己的方式会影响你生活的方方面面。你是否允许自己成长为一个自我肯定的成年人？如果你不认为自己有价值，你就不会在你需要的时候挺身而出。如果你觉得自己很无聊，那你怎么会向别人推荐自己，或者与他人建立亲密、有益的关系呢？如果你不能保护自己，那你与别人在一起时，又怎么会感到安全呢？

现在，我们来看看如何纠正不成熟的父母给你成年后的自我概念带来的歪曲信念。

意识到自己是个有尊严的成年人

许多不成熟的父母从不承认自己长大的孩子已经是个成年人了。这些父母让他们的成年子女觉得自己很傻，或者让他们觉得认真对待自己是一种放肆无礼的行为，就这样，这些父母损害了孩子的尊严。若要这些成年的孩子捍卫自己的尊严和独立，他们就会感到羞怯不安。如果没有得到父母的祝福，这些成年的孩子就不敢长大，不敢把自己放在与他人平等的地位上，拥有自己成年人的尊严会让他们感到不安。

乔奈尔的故事

乔奈尔喜欢自己的行政工作，并且干得很出色，但她的助理托德一有机会就会问一些不必要的问题，并且谈论私人话题，这降低了她的工作效率。

很明显，乔奈尔需要设定一些边界，但她却感到于心不忍，在托德想要讲话的时候，她总会努力倾听。事实上，她经常问托德近况如何，这也让事情变得更糟了。尽管她已经在考虑换掉托德了，但她似乎有些控制不住自己。

真正的问题在于，乔奈尔感受不到自己作为成年人的尊严。她依然把自己看作一个孩子，一个为五口之家解决问题的救助者，一个总是在安慰她那不快乐的、不知满足的母亲的人。在她解释自己为什么要忍受托德时，这种自我概念就显露出来了："因为他只能待在办公室里，而我可以出门旅游、享受乐趣。事实上，我为自己身为他的上级，比他赚钱多那么多而感到内疚。如果拒绝倾听他，我就会感到内疚，我想让他觉得我很亲民。"这种认为托德会因为老板的要求而受到冒犯，或感到被拒绝的想法，直接反映了乔奈尔与她母亲之间的关系。

当乔奈尔意识到她不合时宜的自我概念阻碍了自己的成功时，她放下了愧疚，重拾自己作为成年人的尊严，设定了合理的边界。

现在，审视一下自己的生活，看看是否有这样的情况，即你会因为害怕疏远别人而犹豫是否要维护自己正当的尊严。幸运的是，你可以改变这一点，因为你有能力克服童年的影响，继续成长（Vaillant，1993）。借助你的内在能力与他人的指导，即使你的父母不看好你，你也依然可以建立一个更强有力的自我概念，成为一个更有成效的领袖。

相信自己不是一个冒牌货

冒名顶替综合征（imposter syndrome）（Clance & Imes，1978）会让你很难心安理得地承认自己的成就，因为你觉得这种成就不像是自己的。你暗自担心会被揭穿，暴露出骗子的本质，就像小孩子玩装扮游戏一样。真正的问题可能在于你没有刻意地更新你的自我概念，你对自己的认识还停留在小时候。

你可能觉得自己在人际关系中也是个冒牌货，你很难理解为什么别人会爱你。例如，有一位女士得知朋友为她举办了一场秘密生日聚会，她感到非常惊讶。她觉得自己不够重要，不值得别人这样为她庆祝，于是她说："我不明白这是什么情况，但是谢谢你们。"

许多长大成人的孩子都在保护着家人的自恋，如果他们威胁到了家人的地位，抢了家人的风头，他们就会感到不安。一旦受到他人的关注，这些成年的孩子就会贬低自己的成功。他们不但不会感到自豪，反而会想，那不是真正的我。他们不让自己享受成功，因为从那些以自我为中心的家人身上抢走别人的关注，会让他们感觉很糟糕。

如果你在成长过程中觉得自己不如那些不成熟的家人有趣，也没有与他们同等的权利，那么你觉得自己是个冒牌货（这很明显是歪曲的感受，因为你的确做出了成绩，那也的确是属于你的聚会）就是完全合理的了。

这里有一个例子能说明那种权利感。有一个父亲去参加女儿的颁奖典礼，但他却坐在那里气冲冲地抱怨人太多了，自己整个晚上都要耗在这里，错过了电视上的球赛。还有一位母亲，她气冲冲地抱怨大学居然把儿子的毕业典礼安排在母亲节，她觉得这真是太不体谅人了。这些父母传达出了一个信息，即他们的舒适远比孩子的成功重要。

即便不成熟的人在你成功时没有给你支持，也不意味着你必须贬低你作为一个成年人的成就。事实上，有这样的父母，你更加需要支持自己。当他们试图争夺关注的时候，不要心烦意乱。请珍惜你的每一次成功，并把成功融入自己的自我概念中。

保护成年的自我免受父母歪曲的信念的影响

由于不成熟的父母是透过自己的投射来看待自己的孩子的，

因此，他们会给孩子一个歪曲的自我意象。有时这种自我意象会歪曲到难以置信的程度。

例如，莉莉在整个青春期里都在与厌食症作斗争，她母亲对食物与体重的病态痴迷助长了她的疾病。即使莉莉已经瘦到了危险的程度，她母亲还在一直对可能让人发胖的食物发表评论。虽然在成年以后，莉莉修复了自我意象，体重也恢复到了正常、健康的状态，但她去母亲家看望母亲的时候，她的厌食症思维依然可能会被再度激活。母亲依然在对莉莉的大腿或其他与体重有关的问题进行隐晦的评论。听了母亲对于体重的担忧之后，莉莉发现自己又开始执着于节食与锻炼了。最终，莉莉决定，为了她的健康，她不能再经常去看望母亲了。

如何更新自我概念

准确的自我概念允许你欣赏自身的复杂性，欣赏你作为一个独特的人能给世界带来的东西。为了更新你的自我概念，你可以从以下几点做起：

（1）确立自身的价值。

（2）明确你的价值观和人生哲学。

（3）填补自我概念中的空缺。

（4）明确自己的个性。

（5）找到榜样和导师。

努力完成这些步骤后，你会惊讶地发现你对自己的了解加深了许多，这让你未来的自我概念变得更加清晰和强大了。

确立自身的价值

你与自己和他人的关系的质量，取决于你有多尊重自己和自己的价值。

（练）（习）

你对自己的感觉如何

要想知道你对自己的感觉，首先请安静地坐下来，试着感受你内心最深处的感觉。请在日记本中回答这些问题，写下自己最先想到的答案。试着用自己的心来回答，而不要用自己的理智来回答。

- 我是个好人吗？
- 我有能力吗？
- 我足够好吗？
- 我重要吗？
- 我可爱吗？

现在，思考一下自己的答案。如果你有不成熟的父母，对于上面的问题，你可能有一个或多个答案是"不"，这是因为在童年时期，接受不成熟的父母带来的羞耻感和内疚，通常会导致对自我价值的怀疑。好消息是，你可以做好计划，一步步地更新你的自我概念，重新思考一个人的价值体现在哪里。

明确你的价值观和人生哲学

你的生活质量是由你潜在的价值观以及你对生活的理解所决定的。你认为是什么因素造就了快乐而有意义的生活？你可能知道你的答案（这些答案可能在你的潜意识中），把它说出来会对你有所帮助。下面，我们来探索一下你的信仰和价值观。

澄清你的信念

这个练习没有正确答案，根据你的想法回答即可。这个练习的目的是揭示你潜在的个人信念，从而帮你更好地了解自己。请在日记本中补全下面的陈述。

生活的目的是_____。

保持良好人际关系的秘诀是_____。

成功属于_____的人。

除非你_____，否则你就不能过上有意义的生活。

自尊最好的来源是_____。

我重视_____。

幸福的生活包括_____。

相信_____是很重要的。

要想在生活中取得成功，你必须_____。

_____是非常错误的。

我生活的指导原则是_____。

　　人们通过_____来提高自己。

　　这些陈述是你如何看待自己、看待世界的核心信念，也决定了你与自己的关系的质量。补全这些句子后，问问自己，你的人生哲学是如何影响你的生活的，这种影响是好还是坏。

填补自我概念中的空缺

　　如果父母不认可孩子的积极品质，孩子就无法在这些方面形成自我概念（Barrett，2017）。这就好像有一片巨大的空白存在于一部分自我原本应该在的地方。比如，我的来访者弗朗辛可以接受别人对她工作的赞美，但当别人赞美的是关于她本人或是她积极的个人品质时，她就会畏缩。她不这样看待自己，所以她会立即自嘲一番，或者笑一笑、开个玩笑。

　　弗朗辛解释说，那些赞美指向了她内心的空虚："我觉得自己没有价值，也不重要。我觉得我对别人不重要，而且我觉得别人也不能说服我。"她知道男朋友好像觉得她很重要，但她不太相信。弗朗辛担心，一旦男朋友发现她没有那么好，就会认为她是个"太麻烦"的人。这种感受来自弗朗辛那冷漠的父亲。在弗朗辛还是个小女孩的时候，父亲清楚地告诉她，他没时间陪弗朗辛。当我问弗朗辛她是否认为自己是个可爱的人时，她想了一会儿，说："不，好像我在那儿有个洞，一片什么都没有的虚空。"

　　我有另一位名叫凯特琳的来访者，当她教会里的一名成员告诉她"你的拥抱让人感觉最好，你是一个很好的倾听者"时，她感到非常震惊。这让凯特琳很困惑，因为（正如她告诉我的那样）她并不是那种乐于奉献的人。其实凯特琳是一个乐于奉献的人，但她的母亲从来都看不到这一点。

虽然她们最好的品质没有得到父母的认可，但弗朗辛和凯特琳最终都承认了自己真正的、未被承认的优秀品质。弗朗辛接受了她本来的样子就是可爱的，而凯特琳意识到了她是一个温暖而乐于奉献的人。接纳了"可爱"与"奉献"是自己真实的一面之后，两位女士都感到了惊讶与感恩。虽然父母从不承认这些品质，但这不意味着它们不存在。

如果你很少得到父母的反馈，那么你可能也有一些你从未意识到的良好品质。就像弗朗辛和凯特琳一样，如果你不相信自己身上的这些特质，你可能会用这些想法来否定自己的潜能："那不是我""我不是那样的""我不是那种……的人"。取得成功之后，你甚至可能会说"我不知道我是怎么做到的"。尽管你没有意识到自己身上的特点，但这不意味着它不存在。也许是因为从没有人说出来，所以你从没有真正了解这种品质。

和不成熟的父母在一起生活，你应该质疑所有对你有限制的想法：你认为自己缺乏的品质，或者你永远不会尝试的事情。你身上真的有这些局限吗，还是说是你生活中的不成熟的人让你相信你有这些局限？

明确自己的个性

不成熟的父母非常缺乏形容具体的、积极的内在特质的词汇。他们很少用描述性的话来形容内心世界，他们无法明确地说出孩子独特的品质与特点。相反，他们会用模糊的、笼统的词来描述孩子的行为，例如"好""坏""愚蠢""聪明"或"不错"。相应地，你也没有学会足够的词汇来描述自己或谈论自己的感受。在你以后的生活中，这可能是一个短板，因为明确地描述自己的品质可以帮你找到工作或吸引伴侣。

（练）（习）

用语言描述自己

现在，我们来开始为你建构更好、更现实的自我概念。为了找到描述自己的词汇，你可以上网找一份完整的人格特征描述词汇表，比如到http://www.ongoingworlds.com/blog/2014/11/a-big-long-list-of-personality-traits去找。你可能只会用到其中的一小部分，但这个网站能给你一个可供选择的词汇表。

这一次，你可以不在日记本里写，而是用活页纸写，你可以在每一页上写下你想写的内容，然后把这些纸在桌上摊开，这样你就可以退后一步，将所有内容尽收眼底。

1. 家人对你的看法。站在家人的视角（包括父母、照料者、兄弟姐妹），把你自己想象成一个孩子。写下你认为的每个人在你成长过程中对你的看法。他们会用什么词来形容你？

2. 现在你对自己的看法。在第二张纸上尽可能多地写下你现在的特点。把自己所有的内在品质和外在特点都包括进去。

3. **你想成为的人。** 在第三张纸上写下你在未来想要成为什么样的人。你想增强哪些特点，减少哪些倾向？随着年龄的增长，你希望成为什么样的人？

比较这三张纸上所写的内容，把你的感想写在日记本里。你能看到自己从过去到现在，再到未来的成长轨迹吗？像这样用语言描述自己，能够让你很好地欣赏自己现在的样子，以及即将成为的样子。

当你开始一天的生活时，可以试着从网上的词汇表里找出一些能体现你个性的新词。查一查这些词的同义词，看看它们是否也适合你。渐渐地，你会有更多的词汇来描述自己。你也可以请朋友帮忙：告诉他们你在做什么，问他们会用什么词来形容你。在你未来的生活中，发现新的自我概念词汇可能是一个令人兴奋的、自我认可的过程。

找到榜样和导师

榜样和导师能帮你扩展你的自我概念。如果你想要成长，就找一些你敬佩的人，通过观察他们来学习。他们拥有你想在自我概念中培养的品质，请花一些时间与他们相处。你可以把每一段关系都看作成为更好的自己的机会，并据此选择自己的同伴。

你可能会惊讶地发现，有那么多人愿意成为榜样或导师，将自己的智慧传承下去。如果你热切地希望自己变得更好，那就去找一位愿意在人生旅途中与你相伴的导师吧。比如，你可以去上你喜欢的老师的课；或者，如果当地新闻报道了有意思的人，而他们的故事又鼓舞了你，你也可以与他们联系。要弄清自己想从他们身上学到什么，这样你才能提出具体的要求。

你可以给自己钦佩的人打电话或写信，询问他们是否愿意回答你三个具体的、如何在他们擅长的领域取得进步的问题。如果一切顺利，你可以看看他们是否愿意以后在你需要的时候再给你一些指导和鼓励。如果你有礼貌、提问具体、不占用太多时间，那么很多人都会愿意帮你。

发现并挑战歪曲的自我概念

根除并替换你在不成熟的父母的教养中养成的歪曲的自我概念，是非常重要的事情。留意那些阻碍你的角色与自我感受，并对它们发起挑战。下面是应对一些棘手问题的方法。

你不只是一个角色：跳出不成熟的人的剧本

不成熟的人不会将人作为个体来看待，而会将人看作歪曲的、夸张的角色。他们倾向于把所有情况都看作受害者、侵犯者或拯救者的故事。当不成熟的人把现实简化为这种故事情节时，他们就会得出结论：谁是坏人，谁是无辜的，谁应该站出来拯救自己。这种歪曲的角色扮演叫作戏剧三角（drama triangle）（Karpman，1968），正如下图所示。

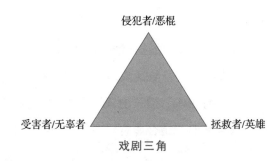

戏剧三角

　　朱莉在小时候就经常陷入母亲的戏剧三角中。她因为没能把母亲从继父的手中拯救出来而感到内疚，她母亲把继父描绘成了一个恶棍，而母亲自己扮演了受害者的角色。朱莉觉得她有责任去拯救母亲，因为从没有人告诉过她，她的母亲是个成年人，并非无能为力，她能够自助。

　　在另一个例子中，十来岁的卡拉试图告诉母亲，她觉得自己受到了过度的控制，需要更多自由。母亲没有和卡拉沟通，反而恼羞成怒，说卡拉残酷、无礼。母亲把卡拉描绘成了一个侵犯者，把自己当作了受害者。她希望丈夫惩罚卡拉，把自己从卡拉的"攻击"中拯救出来。

　　只要我们看穿了戏剧三角，就会发现不成熟的人对于人际关系的歪曲描述其实是一场无休止的冲突：强者剥削无辜者，无辜者受尽苦难，理应得到他人的救助。我们很容易陷入这些角色中去，甚至你可能都没意识到这一切的发生。任何人都可能被卷入这些情节激烈的故事中，但不成熟的人一直生活在这种故事里。

　　戏剧三角让我们感觉很熟悉，因为这既是童话故事的基础，也是成人戏剧的基础：好人和坏人能共同演绎引人入胜的情节。在现实生活中，这些简化的、高度情绪化的主题会造成不必要的冲突与防御。当人们分化为对立的角色时，真正的交流与情感亲密就终止了（Patterson et al., 2012）。每当不成熟的人没能得到自己想要的东西时，你就可以找到这些故事情节的影子，他们对这些事情的愤怒直接脱胎于戏剧三角。

如果你不够警觉，戏剧三角就会破坏你与自己的关系。想一想，如果你总是把自己当作受害者，会对你的自尊产生什么影响。如果你总是不得不扮演某人的拯救者，想想你的未来会局限在多么狭窄的范围之内。想象一下，如果你总是被塑造成恶棍，你会怎样怀疑自己。

摆脱戏剧三角的方法，就是把人们看作对自己的行为和幸福负责的人。当你感觉自己被拉入戏剧三角时，你可以努力把自己唤醒，拒绝扮演那些角色。你不必让你的自我概念被定义为这种单维度的角色。你并非只局限于坏人、无能为力的受害者或英勇的拯救者这三种角色里。相反，你可以做你自己，想想你想要的总体结果，可能的话，设法让事情朝着那个方向发展。

一旦你不再受到戏剧三角的愚弄，你就能更有效地与人相处，减少恐惧和愤怒。例如，如果一个不成熟的人试图控制你或让你感到内疚，那么你不必接受他们的控制或内疚，不必成为他们的受害者。相反，你可以自主地采取行动。你可以决定什么是对自己最好的做法，不被其他人的情绪波动所左右。

拒绝控制与支配

如果你不介意别人告诉你该有什么想法、感觉，该怎么做事，那么你已经习惯了被人支配（Young, Klosko, & Weishaar, 2003）。这种支配会破坏你的情绪自主和精神自由，你不该容忍这种对待。你的生活不应被他们指手画脚，而且，认为一个不成熟的人知道什么是最好的，是一种不合逻辑的想法。

一旦你收回了自主做出决定与选择的权利，在你眼中，他人试图控制你就成了完全不合适的行为。一旦你有了清晰的、尊重自己的自我概念，你的品格和尊严就不会再允许你容忍他人的情感控制与情感胁迫了。

你没必要把他人控制你的企图当回事，你可以简单地说一些这样的话来维护你的自主，如"我们对此看法不同""我不会做出那种选择""虽然那样适合你，但不是我的风格"或者"谢谢，但我不能那么做"。如果不成熟的人依然在给你施加压力，你可以说："没什么理由，我只是不想那么做。"

在与不成熟的人互动时，你感到无力或受到支配的时刻，就是你增强成人自我概念的绝佳机会。如果不成熟的人咄咄逼人，你觉得自己很想向他屈服，请记住，你有权保护自己的边界。每当你感到压力，想要让步的时候，深吸一口气，牢记你可以对任何不喜欢的东西说"不"，尽情地行使这种权利吧。你不必解释，你的喜好已经是充分的理由了。"我不喜欢""不了，谢谢"或者"那不适合我"就足以结束谈话了。

质疑让你感到自卑或自己不够好的互动

自卑感可以"告诉"你在自我概念上的错误。欣赏他人是好的，但如果你认为自己的价值低人一等，那就错了。试着不要太过崇拜或理想化地看待任何人。如果你处在与他们平等的地位上，你会更喜欢他们的。

自卑或无价值的感觉就像一盏闪烁的红灯，能让你知道情感不成熟的关系系统或者戏剧三角正在将你吸入其中。自卑感是一种警告，它说明别人在试图利用你来满足他们的自尊需求。如果你学着这样看待自卑，就可以在感到自卑时后退一步，维护自己的自主与积极的自我概念。

与一个你尊敬的、情感成熟的人在一起，会给你带来不同的感觉。他们不会让你感到自卑，反而会激励你去追求自己的目标。情感成熟的人会对他人表现出包容、尊重和平等的态度。他们会带领你一同进步，而不会让你觉得自己不如他们。

把自我概念从有害的、歪曲的羞耻感中解放出来

在歪曲自我概念方面，羞耻感有着特殊的作用，因为正如我们在第 2 章所见，羞耻感看起来不像是一种情绪，而像是你的本质。这对你的自我概念有着严重的影响。

羞耻感是一种令人痛苦的体验，它让人想要消失，找个地缝钻进去，或者尴尬到想要去死。请回忆一下第 2 章讲的：当父母把你看作坏孩子的时候，你的自我概念就背负了所谓的核心羞耻

感认同（Duvinsky，2017）。

　　羞耻感不会把有关你的真相告诉你，澄清这一点是很重要的。关于羞耻感的唯一事实是，不成熟的人会趁你在一个毫无心理防备能力的年纪，让你感觉自己很糟糕。作为一个成年人，你可以揭露隐藏在羞耻感背后的错误的自我信念，直面羞耻感而非逃避，然后质疑羞耻感，从而消除它给你带来的感受。杜文斯基指出，不断探索童年期的羞耻感，然后重新为羞耻感贴上正确的"标签"（即非常不愉快的情绪，但不是真实的你），能减少羞耻感，让它变回一种可以控制的情绪，而不是关于你个人价值的宣言（Duvinsky，2017）。

　　通过质疑羞耻感，你可以揭露它的本质：它只是别人强加给你的一种情绪，而不是你的核心身份认同。你可以把它当作一种普通的情绪，而不把它融入你的自我概念之中。下面的练习会教你怎么做。

拔掉羞耻感的刺

　　回想一件让你感到羞耻的事情。当你重温那件事的时候，请不断提醒自己，这只是你的一种情绪，不是你身上不好的品质。根据杜文斯基的建议，你可以把羞耻的感受写下来，同时不断地提醒自己它的本质：它不过是一种痛苦的情绪而已（Duvinsky，2017）。你可以告诉自己："这感觉很糟糕，但它只是一种感觉。

它永远也不可能说明我的本质。羞耻感只是一种情绪，就像其他情绪一样。"如果你用这种方式面对羞耻感，它就会变成另一种你可以轻松面对的情绪。

　　一旦你能够面对这些感受，羞耻感带来的阵痛就不会那么可怕了。你甚至可以把羞耻感看作一种有用的警告，即有人正在试图让你感觉不好，因为他们想让自己感觉更好。看清羞耻感的本质不仅能帮你从他人的情感胁迫中解脱出来，也能帮你修复你的自我概念。

确认你的自我概念，你是一个有爱心的人

　　如果你不立即全身心地介入他们的困境，为他们解决问题，不成熟的人就会认为你是冷漠无情的人。如果你不愿为他们做出牺牲，他们就会质疑你的善良本性。他们会让你觉得自己不够有爱心。

　　与不成熟的父母相处，能带来的最具破坏性的歪曲的自我信念就是怀疑自己爱的能力。你无法拯救他们，不能让他们快乐，也无法让他们感到足够的爱，这可能会让你担心自己缺乏足够的情感。例如，有一位女士从小就相信自己的心像一颗"冰冷的豌豆"，而另一位女士说她很害怕约会，因为男人会觉得她是一个"空壳子"。这两个人都有着在情感上无法满足的不成熟的父母，父母从没认可过她们的内心有多慷慨。

　　不成熟的父母不能理解你为爱付出的努力，但这并不意味着

你没有爱。不成熟的父母往往无法接受爱，或者永远都无法满足。不要把你的价值或善良同不成熟的父母能否感受到你的爱联系起来。相反，你应该把更多的爱与欣赏投入到与自己的关系中去。在与不成熟的父母相处时，你肯定需要这种额外的自我支持。

发现消极自我概念的情绪成本

许多人长期持有消极的自我概念，以至于感觉不到这种自我概念对他们的影响。这些人感受不到愤怒或受伤，而是习惯于接受支配和不尊重，这样能减轻他们被虐待的痛苦。重要的是，要意识到消极自我概念让他们付出的高昂代价。一旦他们意识到被人贬低有多么痛苦，他们就能采取行动做出改变。正如托尼·罗宾斯所说，有时激励自己做出改变的最好方法就是刻意放大旧日的痛苦（Robbins，1992）。

比如，假设家人不友善地嘲笑了你，而你和他们一起大笑，就像你小时候一样。你可以把这种事情当作表演过无数遍的熟悉剧本，不假思索，但如果你停下来，主动感受那些贬损的话语给你带来的情绪，会发生什么呢？如果你意识到害怕捍卫自己是什么感觉，或者更糟的，与折磨你的人一起大笑是什么感觉，会发生什么呢？如果你真的用心体会那些感受，你可能会感到对自己的关怀。不断放大这些感受，直到你意识到这些经历对你的自尊和你对他人的信任有多大的伤害。通过感受自己的伤痛以及它所唤起的关怀，你能开始用不同的方式来看待自己。

　　当你真正感受到过去歪曲的自我概念让你付出的代价时，改变就会变得更容易。那个时候，你的痛苦就能为你所用了。

拥有健康的自我概念是一种怎样的体验

　　亲子之间的联结与充满关爱的支持，能为积极的自我概念奠定良好的基础。不论过去发生了什么，我们每个人身上都有着一簇独特的精神火花，支撑着我们的抗逆力与复原（Vaillant，1993）。也许这种火花来自你与自己的亲密关系，从这种关系中，你知道自己注定会成就更多。即使没有滋养我们的关系，我们当中的一些人似乎也会拥有神奇的内在资源，这种资源让我们有意识地成为自己的同伴，使我们能够学习和成长，走出逆境。这种与自身的友谊（即内在资源），能够赋予我们自我照料、自我安慰甚至自我保护的本能，以对抗那些剥削我们的人。

　　当你开始了解自己，并发现自己很好的时候，你就知道自己已经拥有了健康的自我概念。你会珍惜自己的个性（你的兴趣、激情和理想），以及那些你正在努力培养的、新的优点。有了健康的自我概念，你就不会沉溺于纠正自己的错误。你会努力发挥自己的潜能，使自己变得更加真实。当你觉得自己的个性变得更加珍贵，而且你不想成为除自己之外的任何人或任何角色的时候，你就拥有了健康的自我概念。这种自我概念，是你作为一个人与生俱来的权利。

○ ○ **总结** ○ ○

自我概念是关于你是谁、是什么人的认识。不幸的是，如果你是在不成熟的父母身边长大的，那么你可能会发展出一种歪曲的自我概念，这种自我概念助长了你的自卑感和受人支配的感觉。情感不成熟的关系会把你困在歪曲的自我概念中，例如感到自己是一个冒牌货，或是戏剧三角中的单维度的角色。尽管你觉得自己不如别人，或者你的自我概念中存在空白，但你永远可以选择重拾自己的自主与尊严。通过相信内心的自我引导，寻找导师与榜样来促进你的发展，你可以建构一个更好、更健康的自我概念。

第10章

在当下的互动中改善与父母的关系

不成熟的人控制你的情绪和精神生活的唯一方式，就是让你脱离自己的内在生活。当不成熟的人让你陷入被动时，他们会让你的情绪停止流动，与自身解离。

　　通过在每一次的互动中思考自己愿意接受什么，你可以与不成熟的父母建立更加健康的关系。如果你把注意力放在当下的交流上，而不是始终关注你们的整段关系，你与不成熟的父母的相处时间就会变得更有成效。要与他们建立良好的关系，压力实在太大了，试着在当下与他们进行一次建设性的交流吧。关键是要更加诚实和主动地与不成熟的父母建立联结，而不要保持沉默，允许他们控制你，或与他们争论。只要你能与自己保持稳固的联结，清楚地认识到情感不成熟的人的控制策略，你就不会那么容易受到那些情感不成熟的人的胁迫。

　　通过忠于自己和自己的内在世界，你维护了自己的边界、情绪自主以及拥有个性的权利。当你把自我联结放在首位时，你就有能力与父母建立一种全新的关系——你会拥有更多的自我觉察和自我保护意识。从很多方面来看，这将是你渴望已久的关系，因为在这种关系中，你终于可以在他们身边做你自己了。

　　一直以来，问题不仅仅在于他们如何对待你，也在于你如何为了与他们相安无事而忽视自己。这就好像你在小时候无意间与他们"签订"了一份关系契约，却没有意识到这会让你在成年后付出什么代价。值得庆幸的是，你现在可以修订那些旧日的关系条款，让契约对你更公平。你对他们情感成熟度的新认识，能帮你看清他们的所作所为，并询问自己是否想要改变自己的回应方式。

　　即使你和父母已经不再联系了，或者他们已经去世了，你依然可以去想象与他们建立不同的关系。通过在心中改变往日的互动，你甚至可以改变过去给你带来的感觉。有一位女士告诉我，想象自己对父亲做出更平静、更自主的回应，让她与父亲建立了多年以来最好的关系——她的父亲已经去世七年了。

现在，我们来回顾一下你与不成熟的人之间从未言明的约定，然后提出更公平的条款。

你愿意保留过去情感不成熟的关系契约吗

随着时间的推移，大多数关系都会形成不成文的约定，但我们通常不会意识到这些约定，除非关系出了问题。这些契约通常是隐藏的，通过公开地审视这些条款，你能看到自己过去答应了什么。下面的练习能帮助你意识到自己可能在一直遵守的条款，并且思考自己是否愿意继续遵循这些规定。

（练）（习）

重新评估你与不成熟的人的关系条款

使用下列陈述，审视你生活中重要的不成熟的人，然后在日记本中针对每个陈述写下"同意"或"不同意"。

（1）我同意你的需求比任何人的都重要。

（2）我同意在你身边时不说出自己的看法。

（3）你想说什么就说什么，我不会表示反对。

（4）是的，如果我与你想法不同，那一定是因为我很无知。

（5）如果有人对你说"不"，你当然应该生气。

（6）请告诉我应该喜欢什么，不应该喜欢什么。

（7）是的，应该由你来决定我要花多少时间和你在一起。

（8）你说得对，我应该在你面前否认自己的想法，以示"尊重"。

（9）当然，如果你不愿意，你就不必控制自己。

（10）如果你说话前不假思索，那也没有关系。

（11）这是事实：你永远不必等待，也不必应对任何不愉快的事情。

（12）我同意：当你周围的环境发生变化时，你不必适应环境。

（13）你可以忽视我、呵斥我或者不愿意看到我，但我依然想和你在一起。

（14）你当然有权蛮横无理。

（15）我同意你不必听从任何人的指挥。

（16）在你喜欢的话题上，你说多久都行；我愿意默默倾听，满足于你从来不问与我有关的任何问题。

这个练习的目的是让你意识到，你是如何在不知不觉间让不成熟的人成为关系中最重要的人的。揭露这些关系条款，能帮你更清楚地认识到你愿意在未来与他人建立什么样的关系。

能使互动恢复平衡的两种想法

你可以使用两种新的想法以使不公平的、情感不成熟的关系模式恢复平衡，这将极大地改善你与不成熟的人的互动。当产生冲突时，或者当你觉得自己受到了不成熟的人的情感胁迫时，你可以做下面这两件事：

（1）把自己看作与他们同样重要的人。（我和他们一样重要。）

（2）有意识地保持自我联结，无条件地接纳自己。（我的内心很美好。）

回忆这两个事实（你和他们一样重要，你的内心很美好），能够阻止不成熟的人对你的控制和索取。当你记住这两件事时，你在与不成熟的人互动时就会有不同的感觉。不成熟的人可能依然会我行我素，但如果你认为自己与他们同等重要，并保持与自己的联结，你就会有一种完全不同的关系体验。当你持有这些基本态度时，你就不会被控制，也不会与自己分离，更不会受到欺骗，认为自己的体验不如他们的重要。

把自己看作与他们同样重要的人

不成熟的人无法想象有人的需求与他们的一样重要，因为他们觉得自己有权在关系等级中凌驾于你之上，他们认为你也会承认他们的优越地位。这种自信可能会给他们一种权威和富有魅力的气质，他们的自我肯定源于以自我为中心以及情感的不成熟。幸运的是，你现在可以看穿这种以自我为中心的设想了。

一旦你开始思考是什么让他们比你更重要，你就开始重建与自我的联结了。当你在思考这个问题的时候，你会发现，没有任何理由能说明他们比你更重要，这只是你产生的感觉。一旦你认为自己与他们同等重要（尽管他们表现得恰恰相反），你自然就会做出更加主动、自信的反应。你会寻求自己当下想要的东西。你的回应会温和地提醒他们："我也在这里，我的需求和你的一样重要。"你会向他们解释什么对你是最好的，你不会感到羞耻，也不必向他们道歉，因为平等是不可耻的。

有意识地保持自我联结，无条件地接纳自己

通过尊重内在自我与内在世界的价值，你会感到一种新的安全感和满足感。当你接纳真实的自己并与自己当下的体验保持联结时，你会感到自己的内心变得更加强大了。当你把自己看作一个不断成长变化的人并且爱着自己时，保护自己的能量与兴趣就是合情合理的。你不会再与自己的感受解离，让不成熟的人成为你关注的焦点。仅仅因为他们喜欢把自己看作最重要的人，就要求你的需求做出让步，这会让你感到无法接受。

重要的是，当你在与不成熟的人相处时，一定要克制住自己退缩到内心的狭小空间里的冲动。你不应尽量做出让步，从而使他们得寸进尺。这种价值感的萎缩是童年遗留下来的防御，这种做法应该终止了。通过捍卫自己的想法和感受，你能够活在此时此刻。不要退缩，不要成为他们的忠实听众，你可以保持"自以为是"。

如何保持自我联结并活在当下

不成熟的人控制你的情绪和精神生活的唯一方式，就是让你脱离自己的内在生活。当不成熟的人让你陷入被动时，他们会让你的情绪停止流动，与自身解离。你现在可以运用正念来改变这个过程。

当你保持正念的意识、关注自身的时候，你可能看上去什么都没做（你甚至可能是沉默不语的），但这是一个巨大的进步，因为这样一来，你就不会盲从不成熟的人的期待——你的存在是为了服务于他们的自尊，保持他们的情绪稳定。正念之所以对心理有着这么大的作用，是因为它为你提供了一个工具，能让你把心态从被动转变为主动的工具。

如果你在面对不成熟的人时，专注于正念的自我觉察，你将重获情绪自主、精神自由以及做自己的权利。当与不成熟的人相处时，如果你主动地关注自身的感受与想法，你就会让自己获得高度的解放。

你可以注视不成熟的人的双眼，并且刻意保持对自己的想法与感受的觉知。即使他们希望你关注他们，你也依然能充分地觉察自己的内心，看看这样能为你带来什么感受。这种主动的自我觉察，是对往日关系契约的大胆拒绝，因为他们不再是你关注的焦点了。这种情绪上的自主和思想上的自由很值得你付出努力去练习，这样一来，你就不会在他们面前放弃对自己的掌控了。

　　与其专注于满足不成熟的人的要求，不如关注自己的身体感觉、当下的情感体验以及自己的想法。通过关注你在此时此刻的直接体验，你就不会再把不成熟的人放在首位了。

　　你可以尝试一下一行禅师的正念练习（Nhat Hanh，2011），这些练习非常简单实用。比如，你可以通过关注自己的呼吸，并且对自己说这样的话来保持自我联结："吸气，我就在这儿。呼气，我很平静。"关注呼吸可以帮你记住，即使不成熟的人试图把自己当作互动中最重要的人，你也依然存在于此时此刻，你是有价值的。

　　通过践行这些新的态度和方法，你可以转变你与不成熟的父母的互动，让互动变成双向的互动，而不是单向的互动。接下来，我们来探讨更多实现这个目标的方法。

如何让你们的关系向着更为平等、和睦的方向发展

　　如果你不能真诚待人，那么任何关系都不会让你满意。在这一部分，我们要探讨如何与不成熟的父母互动，从而让你更有可能与他们建立真正的联结，同时又不让自己感到失望。

在他们控制你之前，打破旧日的模式

　　当不成熟的人向你施加压力，要求你担负起认可或安抚他们的情绪的责任时，为了避免情感控制，你需要集中注意。当你产

生了牺牲自己来让他们感觉好起来的冲动时，你可以对他们的所作所为保持觉察，从而终止这种控制。用自我对话来描述他们的行为也是有帮助的：

> 现在他们在试图对我进行情感胁迫，让我感觉不好。
>
> 现在他们在邀请我陷入他们的戏剧三角。
>
> 现在他们处在"自我频道"上。每个话题最终都会转移到他们身上。
>
> 现在他们在忽视、不尊重我的内在体验。
>
> 现在他们在质疑我拥有自己的感受与想法的权利。
>
> 现在他们在挑战我优先照顾自己的责任。
>
> 现在他们在让我感到内疚，从而让自己显得无可指摘。

一旦识别这种关系动力成了你的第二天性，你就可以用新的方式来捍卫你的边界和情绪自主了。情感不成熟的控制最容易在刚刚开始的时候受到反制。一开始，不成熟的人会"让"你产生某些感受，但只要你意识到了他们的行为，他们的行为就会失去效力。

例如，来访者蒂娜的母亲总是把自己当作受害者，不断地对蒂娜抱怨。当蒂娜忍无可忍的时候，她内心产生了一种"树枝折断"似的感觉，从那时起，只要母亲开始为蒂娜增添负担，消耗她的能量，她就会改变话题、表示反对或者离开。一旦蒂娜意识到母亲的有些话会产生有害的影响，她就能避开这些话题，就像躲开一记对身体的重击一样。（妈妈，我在这方面无能为力，帮不了你。我们谈点儿别的吧。）如果母亲坚持要说，并要蒂娜"倾听"，蒂娜可能会说："我做不到，妈妈。这样我会很伤心。"

打破情感控制要求你说出自己的感受，提出自己的要求，为你不喜欢的东西设定边界。通过立刻说出自己此时的需求（不论你有多犹豫或多尴尬），你能跳出自己的角色。这些角色会让你与不成熟的人的互动变得肤浅而充满压力。

成为关系的引路人

一旦你打破了不成熟的人的控制，你就可以试着引导互动向自己想要的方向发展。通过提出更好的建议，你可以引导你们的关系变得更加平等、尊重和成熟。例如，当父母试图控制你或给你建议时，你可以说："嗯，这是个好主意，妈妈，但我要自己想清楚，这是很重要的。"如果父母生气了，说话很严苛，你可以通过说这样的话成为关系的引路人："我希望你能控制住自己。我们现在是两个成年人。如果你这样跟我说话，我们怎么能维持相互尊重的、成熟的关系呢？"

关系的引路人会在互动中示范什么是尊重，并教会对方如何让双方受益。他们会明确地表达自己想要得到怎样的对待，以及他们心目中的关系应该给他们带来怎样的回报。关系的引路人会表达支持性的价值观，鼓励人们善待彼此。

比如，布丽是他父亲的啦啦队队长，她父亲正在努力减肥，布丽会庆祝父亲的每一次成功。但是，当布丽定下自己的健身目标时，父亲从没问过她进展如何。布丽告诉她父亲，支持应该是双向的，这样对他们两个人都会更有乐趣。她父亲看上去很惊讶，好像他从来没有想到过这一点，他答应更加关注布丽的健身情况。

当不成熟的人还无法担任合格的引路人时，跟随他们的指引会适得其反。如果你知道更好的做法，但不教他们该怎么做，那么这对他们来说没有任何好处。

通过改善每次互动来改善整体的关系

当你不担忧关系的整体质量时，你就能更好地管理你们之间的互动。管理一次互动是可行的，而改善一段关系是一个太大的目标。每次只关注当下的互动，能减少你的沮丧，让你感到更有成效。

其实，你可以试着用一种中立的心态与不成熟的父母互动，就好像你与他们没有任何过去的牵绊一样。试着让今天变成崭新的一天。假装他们说的、做的每件事都是你从未见过的，这样你就可以在当下做出真诚的回应了。这种以全新的态度开始互动的技术，即**放下记忆与渴望**（without memory or desire）（Bion，1967），能让你与他人在此时此刻相遇，不带着过去的怨恨与之互动。你不会因为怀揣往日的旧账而排斥他们，你会用新的眼光来看待他们。你可以把父母当作在社会交往中遇到的熟人，以这样的心态与他们互动——不期望他们会满足你深层的情感需求。你不必爱他们，他们也不必爱你。你们可以和睦相处。

　　有一位女士告诉我，自从她放弃与母亲建立亲密关系的期望之后，她们之间的关系反而变得更好了。她与母亲的互动很愉快，就像与一位普通的老人互动一样。这位女士意识到，其实自己多年前就不再需要母亲给自己任何东西了。事实上，不管母亲爱不爱她，她对现在的情感生活都非常满足。现在，她独立地看待每一次与母亲小小的互动，不再把母亲的行为与她过去的希望进行对比。一旦她决定把每次互动都当作全新的体验，不带着怨恨或希望，痛苦的感觉就消失了。她对她们之间的任何互动都感到满足。

成熟的沟通让你们的互动变得真诚

　　真诚的互动要求你用明确、亲密的沟通方式，不带攻击意味地告诉对方，你有什么感受和想法，你真正想要什么。明确、亲密的沟通既不粗鲁，也不针锋相对，只是用中立的态度描述你的体验，不责备，不做解读，也不威胁他人。你没有试图改变他们，你只是告诉他们，他们的行为对你有什么影响。你明确地表达了你如何看待你们的关系，如果他们愿意，他们也可以敞开心扉地交流。通过保持内在体验的清晰透明，你可以真实地投入到这段关系中，让别人了解你。这样一来，你们之间的关系会立刻变得更加真诚。

为了拥有更加真诚的关系，请表达自己的想法

把你对于某件事的感受告诉不成熟的人，是一种忠于自我的巨大进步。通过保持与自我的联结并与他们平等相处，你改变了你们之间的关系条款。你们之间的交流会变得更加亲密和真诚，至少从你的角度来看是这样的。每当你说出自己的真实想法时（不论你当时有多不舒服，有多犹豫），你都能将沟通变得更有意义，让关系脱离肤浅的泥沼。

自我表达表明你与对方地位平等。当你说出自己的心声时，就是在表明自己与对方的地位平等。通过自我表达，你实际上说明了你的内在体验与不成熟的人的内在体验一样重要。你不会允许情感不成熟的等级结构出现。

在不成熟的人面前表达自己可能是一种挑战，因为他们通常不会提问，也不会给你很多参与互动的机会。你可能不得不通过插话来创造说话的空间，比如"等等"或者"等一下"，甚至举手、挥手。如果他们打断你，你可以说"给我一分钟，让我说完"，然后舒服地换一口气，再继续说。他们是否听你说不是重点，重要的是你要为自己采取行动，要求对方倾听你的话。无论他们如何回应，你和自己的关系都能得到增进。

要求他们倾听你的话。如果你因为某件事而对不成熟的人生气，一时不知说些什么，那么你可以事后再去找他们，问问他们是否愿意听你说完。告诉他们你有一些想法要与他们分享，问问

他们是否愿意给你五分钟的时间。（五分钟的时限很重要，因为情感亲密会让他们很紧张。）

如果他们同意，你可以描述他们的具体行为并解释你的体验，说说那让你有什么感受，问问他们的初衷。（爸爸，当你皱眉头的时候，你的脸会变红，我觉得你在拒绝我，让我觉得我最好不要和你分享我的想法。我觉得我没权利发表意见。你想让我在你面前闭嘴吗？当你看起来那么生气的时候，你想让我怎么做？）

在每个五分钟的谈话里，只谈论一次互动。当你在说明他们的行为给你带来的感受时，请保持尊重、好奇和不指责的态度。如果他们打断你或者想要争论，你可以承认他们的感受，但请他们让你说完。

当五分钟结束的时候，感谢他们听你讲话，并问问他们是否想对你说些什么。他们可能不想说话，但请记住，只要你开口请他们谈话，你的任务就完成了。仅仅是这一举动就已经改变了你儿时的角色。通过分享你的担忧，你改变了原来的关系契约（例如：我同意在你身边时不说出自己的看法）。像这样的简短谈话可以向你们证明，你们的联结能够经受住一些坦诚的考验，你们可以更加真诚地对待彼此。

即使这样的沟通努力不能解决你提出的问题，它也已经达到了它的目的，这一点是再怎么强调也不为过的：你作为一个平等的人，以明确、亲密的方式引导了你们的沟通。这是一个巨大的进步。

巧妙地运用不批判的沟通，不要对抗

　　幸运的是，我们知道许多在压力情境下通过交流来取得积极结果的方法。卓有成效的沟通风格是诚实的、不批判的、语气中立的、理解他人的观点的。我们来看看哪种沟通风格最适用于与不成熟的人的沟通。

　　非互补性沟通（noncomplementary communication）。这种沟通风格是由克里斯托弗·霍普伍德教授提出的，即以一种出乎意料的、平静与理解的方式来回应愤怒或侵犯行为（Hopwood，2016）。这种意外的善意往往会消除对方的敌意，打消对方的控制企图。当生气的人遇到他人的好奇和同情，而没有受到反击时，原本不可避免的冲突就无从谈起了。

　　这种沟通风格要求你用同理心来回应不成熟的人的敌意，就好像他们在寻求理解，而不是故意找碴。只要你识别出他们对联结的深层渴望，你就能把他们令人不快的行为理解为寻求关注和接纳的呼声。有时候，感同身受的回应会改变针锋相对的局面，让一些有创造性的、有意义的、能促进联结的事情发生。

　　波比的伴侣出差回家时，总是带着不愉快的情绪。后来，波比终于明白，他的伴侣不仅很累，而且还担心波比见到她会不高兴。所以，当下一次波比的伴侣像乌云一样开门进屋时，波比站起身来，给了她一个拥抱，然后说："我真高兴你回来了。我很想你。你想吃点儿东西吗？"

　　其他擅长非互补性沟通的人会利用幽默或消除敌意的友善来

缓和紧张的气氛，这样愤怒就不会有那么大的力量了。单纯而关切的回应也能消除不成熟的人的侵犯性意图。例如，当他们对你进行不公平的批评时，你可以用中立的态度回答："哦，我不确定。"非互补性沟通能让你回应他们被理解的需求，而不是对他们的敌意行为做出反应。如果你真诚地运用非互补性沟通，就能把不愉快的对抗转变为一个令人惊讶的时刻。即使是愤怒的人也想被人看见，获得认可。

非防御性与非暴力沟通（nondefensive and nonviolent communications）。非防御性沟通（Ellison，2016）与非暴力沟通（Rosenberg，2015）是指用不攻击、不侮辱、不指责、不羞辱的方式与人相处，其目的是倾听，而不是防御，同时让你知道什么对你来说是重要的。

非防御性、非暴力沟通可以让你远离戏剧三角中"侵犯者 – 受害者"的极端角色。你会意识到他人的观点对他们自己来说是完全合理的。你可以用一种不挑战他们自身价值的方式谈论你的想法。你非防御性的回应不会触发"侵犯者 – 受害者"的戏剧三角模式。你让对方觉得继续交流是安全的。

这些巧妙的沟通风格承认双方都有合理的意图和非常有意义的需求。在与不成熟的人沟通时，使用这种沟通技巧能把情绪与评判从讨论中剥离出来。无论不成熟的人有什么反应，你在使用这些方法的时候，都会感到沟通更有成效，你也更能控制自己。除了前面提到的人的书，你在本书的参考文献部分还可以找到其他有用的书，以便你进一步了解开放的、无威胁的沟通风格（Patterson et al., 2012；Stone, Patton, & Heen, 1999）。

当分歧导致冲突时

现在我们来看看如何处理不可避免的分歧。我们如何才能处理好侵犯边界的问题与不可接受的行为，同时尽可能和对方保持最好的关系呢？

设定边界与说"不"。 在任何关系中，拒绝和边界都是保护你幸福的必要措施。你不必寻找借口或给出解释。你可以说"不，我真的做不到"或"那样不行"。

不成熟的人的敏感度与正常人的不同，你很难拒绝他们。他们可能会质疑你的拒绝，说："你为什么不行？"他们也可能会用解决问题的方式来反驳你的决定："既然这样，你……是不是就可以了？"然后他们会为你提出建议。没有任何一个有礼貌的人会一直这样，但不成熟的人似乎觉得你的时间是属于他们的。如果他们在你拒绝后依然不依不饶，你可以说："你需要我给你更多的理由吗？恐怕不行。"或者，你可以给他们一个无奈的耸肩。

只接受你愿意接受的东西。 不成熟的人通常会有一种奇怪的慷慨精神，这会让你感到被束缚、被制约。他们只关注他们想给你的东西，而不管你是否想要。比如，不成熟的人可能会赠予你他们想要的礼物，坚持操办你不喜欢的聚会，筹划你不想参加的活动，不断地给予你你不想要的帮助。就像孩子不停地请求"再来一次"一样，不成熟的人不会意识到他人可能已经累了，或者他人不像他们一样喜欢某项活动。有一位男士的母亲总是带礼物来看望他，他多次拒绝，但母亲总是听不进去。这位男士最终向母亲解释说："妈妈，我觉得你的礼物不像礼物，而像是义务。"

如果你不对他们的馈赠感恩戴德（不论他们的馈赠是食物、礼物、金钱、款待还是建议），他们就会觉得你很无礼，你在故意伤害他们的感情。当然，这不是事实。对于任何东西，你都有权说"可以了"或"足够了"。同样地，你也有权说"不用了"或者"我希望我可以接受，但是不行，谢谢你"。说完之后，处理情绪就是他们自己的任务了。

不要鼓励退行行为⊖。不成熟的人往往会生闷气或者做出受伤的样子，吸引你去拯救他们。如果你急于安抚他们，你就是在鼓励他们做出更退行、更让你有负罪感的行为。

例如，我的来访者桑迪有一个非常情绪化的母亲，名叫科拉。每当有科拉不喜欢的事情发生时，她都会流着泪回到卧室。桑迪总会觉得很难过，她跟着母亲到卧室里，嘘寒问暖，试着让母亲感觉好一些。有时，科拉为了延长这种关注，会拒绝说话，不接受安慰，直到桑迪持续安慰她几分钟为止。

桑迪对这种模式感到厌倦是很好理解的，后来她尝试了一种

⊖ 退行行为（regressive behavior）指人们在面对压力时放弃成熟的应对技巧，倒退至早期生活阶段，用幼稚、原始的方式应对压力，降低自己的焦虑。——译者注

新的做法。当科拉又一次这么做的时候，桑迪来到卧室，真诚地说："我知道你很难过，妈妈。我会让你自己处理情绪。等你准备好了，我会在楼下等你，然后我们可以按计划出门去买东西。但我希望你不要着急，无论你需要多长时间来感受悲伤都可以。"然后桑迪走出卧室，轻轻地关上了门。

通过这种新方法，桑迪给了妈妈自主权，她不再扮演拯救者的角色。桑迪对科拉的情绪感同身受，她既不冷漠，也没有批判，但她让母亲知道，这不是她能插手的事情，她也不能替母亲解决问题。大约 15 分钟后，科拉走下楼来，桑迪笑着对她说："准备好去购物了吗？"

在另一个例子中，保罗的父亲是个严守道德的人，他拒绝按照原计划出去吃饭，因为他认为保罗是用谎言骗到预订桌位的。保罗平静地告诉父亲："没关系，爸爸。请不要做你不想做的事。我们半个小时后出门。如果那时你改变主意了，我们很乐意你和我们一起去，或者，如果你想在晚一些的时候和我们一起喝咖啡、吃甜点，你可以坐出租车过来。"

在这些例子里，交流的重点是没有指责和羞耻，也不试图改变父母的情绪。这些父母被赋予了自主权，他们可以表达自己的感受，做出自己的选择。他们可以和家人一起出去玩，也可以一直闷闷不乐。家人尊重他们，为他们提供了选择。

明确、直接、不失尊重地表达愤怒。虽然平静地交流是最理想的情况，但有时愤怒也是必要的。不成熟的父母有时会固执得让人难以接受，尤其是在他们很长时间以来都习惯于支配他人的情况下。幸运的是，你仍然可以用一种尊重的方式表达愤怒，而不是恶言相向。

贝萨妮的故事

有一天，贝萨妮在开始治疗的时候说："今天我对我爸发脾气了。"原来，她年迈的父亲列维再次训斥了养老院的工作人员，对他们大喊大叫，抱怨他们的疏忽大意，就好像他住在五星级宾馆里一样。现在，有好几名护理员威胁说不会再接手他的护理工作。贝萨妮受够了这些有关父亲行为的电话。她需要让父亲了解情况的严重性。她把事实摆在列维面前，提醒他，如果他继续这样下去，他可能会被赶出这个养老院，最后不得不去一家更差的养老院（这是事实，他的经济条件有限，能找到现在的养老院已经很幸运了）。

贝萨妮提醒他，养老院员工的工作很困难，他们也是有感情的人。贝萨妮说她已经受够了为父亲解决问题，他也应该为他人考虑一下。"我很累，"贝萨妮告诉他，"你必须考虑一下所有这些对我的影响。如果我死了你该怎么办？稍微有点感恩之心吧，爸爸！帮我减轻一点负担吧。你知道该怎么做个好人，那就去做吧！"

贝萨妮没有羞辱或辱骂列维，她只是有力地表达了她需要列维做什么。列维心智健全，即使他年纪很大，他也不能不顾及社交礼仪。他不喜欢自己的处境，但贝萨妮也不喜欢她的处境。为了贝萨妮自己的健康，她需要告诉列维，尽量不要再给她制造更多的麻烦。这场冲突没有改变列维的人格，但为他们开启了一扇清晰、明确而亲密的交流之门。让贝萨妮惊讶的是，她父亲后来道歉了。就目前而言，他们变成了两个一起解决问题的成年人。

贝萨妮的故事说明，我们可以有力地表达愤怒，但要用明确、亲密的方式交流，不要变成攻击。现在，每当父亲再次做出恶劣的行为时，贝萨妮就会用积极主动的方式来表达自己的不满，并告诉父亲他应该做什么。用成熟的方式表达出来的愤怒可能很情绪化、很强烈，但它始终停留在问题的重点上，直接指向另一个人的某个具体问题。罗斯·坎贝尔提出了不同成熟度的人是如何表达愤怒的，以及这些表达方式对于问题解决是否有益（Campbell，1981）。愤怒的语气可能是消极的，但只要人们用合乎逻辑的方式表达愤怒，用语言表达，紧扣主题，没有辱骂的语言或行为，只针对相关的人和问题，那就是一种相当成熟的表达。

贝萨妮对父亲讲话的语气是情绪化的、消极的，但她仍然客观地处理了这个问题，告诉了父亲她需要什么，并且没有骂人。她没有试图惩罚或控制父亲，她只是提高了自己的嗓音，好让自我关注的父亲听到她的声音。她有力地提醒了父亲，世界上还有其他人，如果他不为他人着想，他就可能失去他认为理所应当的支持。贝萨妮立场坚定、交流真诚，这对他们俩都有好处。

接纳失去，展望未来

许多人认为，与父母的关系良好意味着父母最终会对他们感到满意。但是考虑到不成熟的人总是不会满足、戒心重重，你知道没有任何东西能让他们长久地满意。所以，你为什么不放弃改变他们，让自己快乐起来呢？通过接纳不成熟的人的局限，你可以更加自由地照顾自己，甚至对他们产生更多的关怀。

欣赏你能欣赏的品质，尊重你能感受到的联结

不论我们的情感需求是否得到满足，我们大多数人对父母都有一种原始的依恋。尽管屡经坎坷，但家人之间的联结依然深厚，很少有人愿意完全放弃这种联结。即使是令人头疼的家庭关系，在最基本的人性层面也是意义重大、不可替代的。虽然我们与父母之间有过痛苦和情感匮乏的经历，但强烈的归属感使我们与父母建立了强有力的联结。

一位女士告诉我，即使母亲并不"温和、温柔、安全"，但她仍然想与母亲保有关系。这位女士清楚地记得，在她意识到母亲永远不会改变的那一刻，她在卧室里泪流满面。在那一刻，她决定接纳自己母亲真实的样子，因为家人之间的联结对她无比重要。

另一位女士与她不成熟的父亲有过一段非常艰难而令人头疼的关系。她曾受到父亲的恶劣对待，多次对父亲感到失望。但

当父亲病入膏肓的时候，她总是陪在父亲身边。父亲去世后，她意识到自己对父亲的矛盾感情似乎不再重要了。"他是我爸爸。"她说。

你不成熟的父母可能没有给予你所需要的爱，但他们在你学着去爱的过程中起到了重要的作用，这也是很重要的一件事。所以，你当然会很依恋父母——只是别忘记也要对自己保持同等的依恋。只要你不为了维护与他们的关系而放弃自我，一切就都会好的。

带着关怀与现实的态度看待你们之间的关系

在你能够自我觉察、相信自己爱的能力之前，你失去了许多宝贵的时光。当你从阻碍你的、情感不成熟的关系模式中解脱出来时，你可能会为了这些失去的时光而感到悔恨。许多人希望他们能够找回过去花在顺应父母的歪曲信念、渴望得到他们认可上的时间。一旦你摆脱了压抑的、情感不成熟的关系，不再受其控制，你就真正拥有了新的生活。知道这一点，也许能对你有所安慰。过去对父母的屈从与新生的自我掌控之间有着天壤之别，有时你会觉得自己好像拥有两种生活、两种自我概念，而不是一种生活、一种自我概念。

当你回顾自己与不成熟的父母的关系时，你可能会带着同情的悲伤与冷冰冰的现实主义态度来看待自己的父母。现在你有了一个更广阔的视角，你终于可以跳出这段关系，以一个成年人的角度来看待这段关系了。

格蕾丝的故事

格蕾丝在心理治疗中付出了许多，她养成了一种更为积极的自我概念，拥有了更能满足她的社会需求的生活。她从小在一个专横跋扈的母亲身边长大，母亲猜疑心重、控制欲强，如果格蕾丝在家门外做了太多事情，她就会觉得自己对家人不忠。母亲去世后，格蕾丝变得更加开放了，她发现人们比她的母亲更友善、更热情。格蕾丝不为母亲的去世感到悲伤（因为她们之间并没有那么亲密），但在回想起母亲的生活时，她确实会为母亲的情感不成熟给自己造成的巨大代价而同情自己。

"我觉得我们家的孩子都不会为妈妈的去世感到悲伤，因为她太冷漠了。她付出的爱太少了，所以她失去了得到爱的机会。她的大多数孩子都与她关系很糟。她极度缺乏同理心，似乎并不想与你有什么情感联结。她十分热衷于评判他人、挑剔他人，她无法爱任何人。她只关注人们应该如何提高自己。她缺乏理解他人心声的能力。在理论的层面上，她可以关怀他人，比如在教堂祷告的时候，但在个人的层面上，她实在太难相处了。她只关注她自己的遭遇，对我们没有丝毫同理心。她的怨恨让她的内心变得很丑陋，因为她的恶劣行为，没有人会爱她。"

随着时间的推移，我发现格蕾丝逐渐成长了，她对她的母亲的情感的局限的觉知深深地打动了我。格蕾丝的成长轨迹与许多不成熟的父母的子女的恢复过程一样。当格蕾丝变得更加依恋自己、忠诚于自己的时候，她发现了自己感兴趣的东西与喜欢的人。她爱自己的家和宠物，喜欢与更多的朋友相处，乐于参加有意义的集体活动。在格蕾丝能够自由选择自己喜欢的生活方式后，她清晰地看到了母亲的恐惧如何阻碍了她的生活。她同情母亲，但她的生活现在只属于自己，这使她感到欣慰。格蕾丝与自己的关系滋养了自己，而这种关系是她从母亲那里从未得到过的。

在母亲去世多年以后，格蕾丝对母亲有了新的认识。她能够客观地看待母亲了，因为她现在与内在自我建立了一种充满爱与保护的关系，这个内在自我是她纯真的一面，即使母亲不能回报她的爱，她的这部分自我也依然爱着母亲。格蕾丝现在觉得自己更完整、更自主了，这不是因为她终于赢得了母亲的爱，而是因为她找到了自己。

当你从阻碍你的不成熟的关系模式中解脱出来时，你可能会后悔过去那么努力、那么渴望与那些为你付出如此之少、伤你如此之深的人建立关系。当你越来越认可自己的价值与爱的能力时，你可能会痛苦地意识到，自己过去遭受了何种不堪的对待。许多人希望能找回那些失去的时间，那些适应父母的以自我为中心、渴望获得他们认可的时间。理解并接纳不成熟的人的本来面貌，能让你不再试图取悦或改变他们，能让你充分享有情绪自主和思想自由的权利，享受自己的内在体验，知道这一点也许能给你一些安慰。你无法要回自己的童年，但你的余生依然要由你自己来创造。有了内在自我的新基础，未来肯定会是美好的。

○ ○ **总结** ○ ○

你已经深入思考了不成熟的人对你的生活产生的影响，你可以重新考虑你不想要的关系条款。你现在意识到，你与那些不成熟的人一样重要，你可以用忠诚、有爱、自我保护的方式与自己和自己的内在世界保持联结。在你与不成熟的父母之间的关系中，你现在可以真诚地对待自己的需求、局限以及自我表达的权利——甚至你也有权表达愤怒。你现在知道怎样以让你感到完整和有力量的方式，主动回应不成熟的人。你可以对你们之间深厚的家庭联结表示尊重，但你仍然要维护你的自主与自由，做真正的自己。当你能充分地做自己，并且感到自己与他们同等重要时，任何情感不成熟的关系系统就都无法再控制你了。你与不成熟的人将以平等的身份相处，而且作为两个截然不同的人，你们会有更好的机会去建立真正的关系。

成年子女的基本权利清单

　　我们的旅程即将结束，我想给你们留下一份"基本权利清单"，供你们在不成熟的人际关系中遇到困难时参考。这十条基本权利总结了你在书中学到的内容，尤其是那些你在生活中有权拥有的东西。请把这些内容作为你在与不成熟的人打交道时保持专注的方法总结。我希望它们能对你有所帮助。我衷心希望你能重获情绪自主、精神自由，拥有内在的生活。我也希望，在读完这本书以后，你会运用从书中获得的领悟，在未来与不成熟的人的交往中获得最大的成长与自我发现。

1. 设置边界的权利

　　我有权为你的伤害、剥削行为设置边界。
　　我有权中断任何让我感到压力或胁迫的互动。
　　我有权在筋疲力尽之前制止任何事情。
　　我有权终止任何我不喜欢的互动。
　　我有权拒绝且无须给出充分的理由。

2. 不受情感胁迫的权利

　　我有权不做你的拯救者。
　　我有权要求你向别人求助。

我有权不解决你的问题。

我有权让你自行处理你的自尊问题，而不加以干涉。

我有权让你自行应对你的痛苦。

我有权拒绝感到内疚。

3. 情绪自主与精神自由的权利

我有权拥有任何情绪。

我有权拥有任何想法。

我有权捍卫我的价值观、想法和兴趣不受任何嘲讽或嘲笑。

我有权为自己所受到的对待感到烦恼。

我有权不喜欢你的行为或态度。

4. 选择关系的权利

我有权知道自己是否爱你。

我有权拒绝你想给我的东西。

我有权拒绝仅仅为了让你舒服而背叛自己。

即使我们是亲人，我也有权结束我们之间的关系。

我有权不接受任何人的依赖。

我有权远离任何让我感到不愉快和疲惫的人。

5. 清晰沟通的权利

只要我用非暴力、不伤人的语气，我就有权说任何话。

我有权要求被倾听。

我有权告诉你我的感情受到了伤害。

我有权直言自己真正的喜好。

我有权要求你告诉我，你想从我这里得到什么，而非假定我应该知道。

6. 自主做出最佳选择的权利

如果时间不合适，我有权不做任何事情。

我有权在任何时间离开。

我有权拒绝参与任何我不喜欢的活动或聚会。

我有权做出自己的决定且不怀疑自己。

7. 坚持自己生活方式的权利

即使你不认同，我也有权采取行动。

我有权把自己的时间和精力花在我认为重要的事情上。

我有权信任自己的内在体验，认真对待自己的愿望。

我有权充分利用我所需要的时间，不受催促。

8. 平等与受尊重的权利

我有权与你享有同等重要的地位。

我有权过自己的生活，不受任何人的嘲笑。

作为一个独立的成年人，我有权受到尊重的对待。

我有权拒绝感到羞耻。

9. 优先考虑自身健康与幸福的权利

我有权茁壮成长，而非勉强度日。

我有权花时间去做我喜欢的事情。

我有权决定我要给予别人多少精力与关注。

我有权花时间把事情想清楚。

我有权照顾好自己，不管别人怎么想。

我有权利用必要的时间和空间来滋养我的内在世界。

10. 关爱与保护自我的权利

当我犯错的时候，我有权关怀自己。

当自我概念不再适合我的时候，我有权改变自我概念。

我有权爱自己、善待自己。

我有权不批评自己、为自己的个性感到自豪。

我有权做真实的自己。

致　谢

　　我要衷心感谢策划编辑泰希利亚·哈诺尔（Tesilya Hanauer），是她最初在情感不成熟的父母这个概念中看到了希望。泰希利亚全心全意地带领这本书走过了漫长的出版过程，她的耐心、坚韧和对本书的信念，让我与来访者共同发现的一切得以被大众所知道。我也要对新先驱出版社（New Harbinger）的编辑克兰西·德雷克（Clancy Drake）和詹妮弗·霍尔德（Jennifer Holder）表示深深的谢意。他们孜孜不倦地精练本书的重点，调整全书的组织结构，使所有内容都能被尽可能清晰地表达出来。与此同时，我还要深深地感谢文字编辑格蕾特尔·哈坎逊（Gretel Hakanson），感谢你敏锐的眼光与悉心的指导。

　　我的许多来访者都同意我把他们的故事以匿名的形式写进书中，他们说"如果能帮到别人，当然可以"。我对他们抱有深深的敬意，同时我也很惊讶。我们一起发现了许多：如何摆脱在不成熟的父母身边长大的困惑，深刻地理解你所面临的困难，将这种束缚你的模式转化为新的力量，从而轻松愉快地生活。

同时，我对发展心理学界的理论学家与研究者心怀感恩，有了他们的研究，我才能理解情感不成熟及其影响。非常幸运的是，我的研究生学习让我接触到了心理学大师对发展心理学和人格心理学的洞见，而不仅局限于对症状与技术的了解。心理学的理论研究拓宽了我们的视野，让我们理解了问题的实质。我从最优秀的人那里学到了很多东西。

我要感谢我的同事布莱恩·瓦尔德（Brian Wald）、汤姆·贝克（Tom Baker）以及玛丽·沃伦·平内尔（Mary Warren Pinnell）。在写作这本书的过程中，我遇到过许多棘手的问题与困惑，他们的想法与建议对我有不可估量的帮助。

我非常感谢我的妹妹玛丽·巴布科克（Mary Babcock）。她给了我许多情感支持，并与我进行过多次富有启发的讨论，她从小就是我最坚定的支持者。她对人类行为的洞见与深刻理解总能帮我看清事实的本质。我也要感谢芭芭拉·福布斯（Barbara Forbes）和丹尼·福布斯（Danny Forbes），感谢他们的想法与贡献。芭芭拉了解我的内心，多年以来，她给了我许多关爱，每逢特殊场合，她总会为我庆祝。

在我的整个写作过程中，林恩·佐尔（Lynn Zoll）既是我的照料者，也是我的啦啦队队长，她给我寄来了许多诗歌、食物以及"加油"的邮件，让我总是充满欢乐。与此同时，她还随时都愿意与我讨论书中的要点。金·福布斯（Kim Forbes）也一直给予我许多关心、支持，给我寄来了许多独特的、鼓舞人心的卡片，也给我发了许多鼓励我的短信，更不用提我们之间富有启发性的讨论了。我非常感谢埃丝特·弗里曼（Esther Freeman），在我们多年的友谊里，她教会了我如何积极地应对挫败与挫折。她宝贵的洞见总能引导我的思路走向实际与实用的方向。

我还要谢谢我的好儿子卡特·吉布森（Carter Gibson），他一直关注着我的进展，在我遇到看似难以承受的挫折时，他总能从独特的视角给我鼓励，让我振作起来。我喜欢他看待世界和生活的方式。我希望每个人都能像他一样充满活力。

最后，我要衷心地感谢我的丈夫斯基普。我与他的联结是我生命中的快乐的源泉，也是我情感成熟的主要催化剂。他在情感上和物质上都支持着我写作本书的梦想，但他对梦想本身的重要性和力量的深刻见解，才是他给我的最大支持。

参考文献

Ainsworth, M., S. Bell, and D. Strayton. 1974. "Infant-Mother Attachment and Social Development: 'Socialization' as a Product of Reciprocal Responsiveness to Signals." In *The Integration of a Child into a Social World*, edited by M. Richards. New York: Cambridge University Press.

Barrett, L. 2017. *How Emotions Are Made: The Secret Life of the Brain*. New York: Houghton Mifflin Harcourt Publishing Company.

Beattie, M. 1987. *Codependent No More*. San Francisco: Harper and Row.

Berne, E. 1964. *Games People Play*. New York: Ballentine Books.

Bickel, L. 2000. *Mawson's Will*. South Royalton, VT: Steerforth Press.

Bion, W. 1967. "Notes on Memory and Desire." *Psychoanalytic Forum* 2: 272–273.

Bowen, M. 1985. *Family Therapy in Clinical Practice*. Lanham, MD: Rowman and Littlefield Publishers, Inc.

Bowlby, J. 1979. *The Making and Breaking of Affectional Bonds*. New York: Routledge.

Bradshaw, J. 1990. *Homecoming*. New York: Bantam Books.

Burns, D. 1980. *Feeling Good*. New York: HarperCollins Publishers.

Campbell, R. 1977. *How to Really Love Your Child.* Wheaton, IL: SF Publications.

Campbell, R. 1981. *How to Really Love Your Teenager.* Colorado Springs: David C. Cook/Kingsway Communications.

Capacchione, L. 1991. *Recovery of Your Inner Child.* New York: Touchstone.

Clance, P. R., and S. Imes. 1978. "The Imposter Phenomenon in High Achieving Women: Dynamics and Therapeutic Intervention." *Psychotherapy Theory, Research and Practice* 15 (3): 241–247.

Clore, G. L., and J. R. Huntsinger. 2007. "How Emotions Inform Judgment and Regulate Thought." *Trends in Cognitive Sciences* 11 (9): 393–399.

Degeneres, E. 2017. "Holiday Headphones." December 5. Ellentube.com. https://www.youtube.com/watch?v=78ObBXNgbUo.

DeYoung, P. A. 2015. *Understanding and Treating Chronic Shame.* New York: Routledge.

Duvinsky, J. 2017. *Perfect Pain/Perfect Shame.* North Charleston, SC: CreateSpace.

Ellison, S. 2016. *Taking the War Out of Our Words.* Sunriver, OR: Voices of Integrity Publishing.

Ezriel, H. 1952. "Notes on Psychoanalytic Group Therapy: II. Interpretation." *Research Psychiatry* 15: 119.

Fonagy, P., G. Gergely, E. Jurist, and M. Target. *Affective Regulation, Mentaliztion, and the Development of the Self.* New York: Other Press.

Forbes, K. 2018. Personal communication.

Forward, S. 1989. *Toxic Parents.* New York: Bantam Books.

Fosha, D. 2000. *The Transforming Power of Affect.* New York: Basic Books.

Fraad, H. 2008. "Toiling in the Field of Emotion." *Journal of Psychohistory* 35 (3): 270–286.

Frankl, V. 1959. *Man's Search for Meaning.* Boston, MA: Beacon Press.

Gibson, L. C. 2015. *Adult Children of Emotionally Immature Parents.* Oakland, CA: New Harbinger Publications.

Goleman, D. 1995. *Emotional Intelligence.* New York: Bantam.

Gonzales, L. 2003. *Deep Survival.* New York: W. W. Norton and Company.

Gordon, D. 2007. *Mindful Dreaming.* Franklin, NJ: The Career Press.

Goulding, R. A., and R. C. Schwartz. 2002. *The Mosaic Mind.* Oak Park, IL: Trailhead Publications.

Hanson, R. 2013. *Hardwiring Happiness.* New York: Harmony Books.

Hatfield, E. R., R. L. Rapson, and Y. L. Le. 2009. "Emotional Contagion and Empathy." In *The Social Neuroscience of Empathy,* edited by J. Decety and W. Ickes. Boston: MIT Press.

Hopwood, C. 2016 "Don't Do What I Do." NPR. *Shots: Opinion: Your Health,* July 16. https://www.npr.org/sections/health-shots/2016/07/16/485721853.

Huntford, R. 1985. *Shackleton.* New York: Carroll and Graf Publishers.

Jung, C. G. 1959. *Aion: Researches into the Phenomenology of the Self.* Princeton, NJ: Princeton University Press.

Kabat-Zinn, J. 1990. *Full Catastrophe Living.* New York: Bantam Books.

Karpman, S. 1968. "Fairy Tales and Script Drama Analysis." *Transactional Analysis Bulletin* 26 (7): 39–43.

Katie, B. 2002. *Loving What Is.* New York: Three Rivers Press.

Kernberg, O. 1985. *Borderline Conditions and Pathological Narcissism.* Lanham, MD: Rowman and Littlefield Publishers.

Kohut, H. 1971. *The Analysis of the Self.* Chicago: University of Chicago Press.

Kornfield, J. 2008. *Meditation for Beginners.* Boulder, CO: Sounds True.

Mahler, M., and F. Pine. 1975. *The Psychological Birth of the Human Infant: Symbiosis and Individuation.* New York: Basic Books.

McCullough, L. 1997. *Changing Character.* New York: Basic Books.

McCullough, L., N. Kuhn, S. Andrews, A. Kaplan, J. Wolf, and C. Hurley. 2003. *Treating Affect Phobia.* New York: The Guilford Press.

Minuchin, S. 1974. *Families and Family Therapy.* Cambridge, MA: Harvard University Press.

Nhat Hanh, T. 2011. *Peace Is Every Breath.* New York: HarperCollins Books.

Ogden, T. 1982. *Projective Identification and Psychoanalytic Technique.* Northvale, NJ: Jason Aronson, Inc.

O'Malley, M. 2016. *What's in the Way Is the Way.* Boulder, CO: Sounds True.

Patterson, K., J. Grenny, R. McMillan, and A. Switzler. 2012. *Crucial Conversations.* New York: McGraw-Hill.

Perkins, J. 1995. *The Suffering Self.* New York: Routledge.

Porges, S. 2011. *The Polyvagal Theory.* New York: W. W. Norton and Company.

Robbins, T. 1992. *Awaken the Giant Within.* New York: Free Press.

Rosenberg, M. 2015. *Nonviolent Communication.* Encinitas, CA: Puddle-Dancer Press.

Schore, A. 2012. *The Science of the Art of Psychotherapy.* New York: W. W. Norton and Company.

Schwartz, R. 1995. *Internal Family Systems Therapy.* New York: The Guildford Press.

Siebert, A. 1993. *Survivor Personality.* New York: Vantage Books.

Simpson, J. 1988. *Touching the Void.* New York: HarperCollins.

Smith, M. 1975. *When I Say No I Feel Guilty.* New York: Bantam Books/ Random House.

Stern, D. 2004. *The Present Moment.* New York: W.W. Norton and Company.

Stone, D., B. Patton, and S. Heen. 1999. *Difficult Conversations.* New York: Penguin Group.

Stone, H., and S. Stone. 1989. Stone. *Embracing Ourselves.* Novato, CA: Nataraj Publishing.

United Nations. 1948. "Universal Statement of Human Rights." http:// www.un.org/en/universal-declaration-human-rights.

Vaillant, G. 1977. *Adaptation to Life.* Boston: Little Brown.

Vaillant, G. 1993. *The Wisdom of the Ego.* Cambridge, MA: Harvard University Press.

Van der Kolk, B. 2014. *The Body Keeps the Score.* New York: Viking/

Penguin Group.

Wald, B. 2018. Personal communication.

Wallin, D. 2007. *Attachment in Psychotherapy*. New York: The Guildford Press.

Whitfield, C. L. 1987. *Healing the Child Within*. Deerfield Beach, FL: Health Communications, Inc.

Wolynn, M. 2016. *It Didn't Start with You*. New York: Penguin Books.

Young, J., J. Klosko, and M. Weishaar. 2003. *Schema Therapy*. New York: The Guilford Press.

原 生 家 庭

《母爱的羁绊》

作者：[美] 卡瑞尔·麦克布莱德 译者：于玲娜

爱来自父母，令人悲哀的是，伤害也往往来自父母，而这爱与伤害，总会
被孩子继承下来。
作者找到一个独特的角度来考察母女关系中复杂的心理状态，读来平实、
温暖却又发人深省，书中列举了大量女儿们的心声，令人心生同情。在帮
助读者重塑健康人生的同时，还会起到激励作用。

《不被父母控制的人生：如何建立边界感，重获情感独立》

作者：[美] 琳赛·吉布森 译者：姜帆

已经成年的你，却有这样"情感不成熟的父母"吗？他们情绪极其不稳定，
控制孩子的生活，逃避自己的责任，拒绝和疏远孩子……
本书帮助你突破父母的情感包围圈，建立边界感，重获情感独立。豆瓣8.8
分高评经典作品《不成熟的父母》作者琳赛重磅新作。

《被忽视的孩子：如何克服童年的情感忽视》

作者：[美] 乔尼丝·韦布 克里斯蒂娜·穆塞洛 译者：王诗溢 李沁芸

"从小吃穿不愁、衣食无忧，我怎么就被父母给忽视了？"美国亚马逊畅
销书，深度解读"童年情感忽视"的开创性作品，陪你走出情感真空，与
世界重建联结。
本书运用大量案例、练习和技巧，帮助你在自己的生活中看到童年的缺失
和伤痕，了解情绪的价值，陪伴你进行自我重建。

《超越原生家庭》（原书第4版）

作者：[美] 罗纳德·理查森 译者：牛振宇

所以，一切都是童年的错吗？全面深入解析原生家庭的心理学经典，全美
热销几十万册，已更新至第4版！
本书的目的是揭示原生家庭内部运作机制，帮助你学会应对原生家庭影响
的全新方法，摆脱过去原生家庭遗留的问题，从而让你在新家庭中过得更
加幸福快乐，让你的下一代更加健康地生活和成长。

《不成熟的父母》

作者：[美] 琳赛·吉布森 译者：魏宁 况辉

有些父母是生理上的父母，心理上的孩子。不成熟父母问题专家琳赛·吉
布森博士提供了丰富的真实案例和实用方法，帮助童年受伤的成年人认清
自己生活痛苦的源头，发现自己真实的想法和感受，重建自己的性格、
关系和生活；也帮助为人父母者审视自己的教养方法，学做更加成熟的家
长，给孩子健康快乐的成长环境。

更多>>>
《拥抱你的内在小孩》（珍藏版）作者：[美] 罗西·马奇-史密斯
《性格的陷阱：如何修补童年形成的性格缺陷》作者：[美] 杰弗里·E.杨 珍妮特·S.克罗斯科
《为什么家庭会生病》作者：陈发展

创 伤 治 疗

《危机和创伤中成长：10位心理专家危机干预之道》

作者：方新 主编 高隽 副主编

曾奇峰、徐凯文、童俊、方新、樊富珉、杨凤池、张海音、赵旭东等10位心理专家亲述危机干预和创伤疗愈的故事。10份危机和创伤中成长的智慧

《创伤与复原》

作者：[美] 朱迪思·赫尔曼 译者：施宏达 陈文琪

自弗洛伊德以来，重要的精神医学著作之一。自1992年出版后，畅销30余年。美国创伤治疗师人手一册。著名心理创伤专家童慧琦、施琪嘉、徐凯文撰文推荐

《心理创伤疗愈之道：倾听你身体的信号》

作者：[美] 彼得·莱文 译者：庄晓丹 常邵辰

美国躯体性心理治疗协会终身成就奖得主、身体体验疗法创始人莱文集大成之作。他在本书中整合了看似迥异的进化、动物本能、哺乳动物生理学和脑科学以及自己多年积累的治疗经验，全面介绍了身体体验疗法理论和实践，为心理咨询师、社会工作者、精神科医生等提供了新的治疗工具，也适用于受伤的人自我探索和疗愈

《创伤与记忆：身体体验疗法如何重塑创伤记忆》

作者：[美] 彼得·莱文 译者：曾旻

美国躯体性心理治疗协会终身成就奖得主莱文博士最新力作。记忆是创伤疗愈的核心问题。作者莱文博士创立的身体体验疗法现已成为西方心理创伤治疗的主流疗法。本书详尽阐述了如何将身体体验疗法的原则付诸实践，不仅可以运用在创伤受害者身上，例如车祸幸存者，还可以运用在新生儿、幼儿、学龄儿童和战争军人身上

《情绪心智化：连通科学与人文的心理治疗视角》

作者：[美] 埃利奥特·尤里斯特 译者：张红燕

荣获美国精神分析理事会和学会图书奖；重点探讨如何帮助来访者理解和反思自己的情绪体验；呼吁心理治疗领域中科学与文学的跨学科对话

更多>>>

《创伤与依恋：在依恋创伤治疗中发展心智化》作者：[美] 乔恩·G.艾伦 译者：欧阳艾莅 何满西 陈勇 等
《让时间治愈一切：津巴多时间观疗法》作者：[美] 菲利普·津巴多 等 译者：赵宗金